JN183170

# 原発輸出の欺瞞

## 日本とベトナム、「友好」関係の舞台裏

伊藤正子／吉井美知子

編著

明石書店

# はじめに

本書は、東南アジア諸国のなかで唯一、日越両政府によって合意され、本格的に実行に移されようとしている日本からベトナムへの原発輸出について、背景と問題点を明らかにするとともに、日本語を読むことのできる市民に広くこの問題に関心をもってもらうことを目的としている（原発輸出とは、原子力発電関連の機材を海外に売るとともに、関連する技術を提供し、発電所の建設に日本企業が参入することと定義する）。

ベトナムの原発は、ロシアが支援する第一原発も、日本が支援する第二原発も、建設予定地は中南部のニントゥアン省である。日本の予定地は同省ニンハイ県ヴィンハイ社タイアン村で、人口一八万人の省都ファンラン・タップチャム市から北東に二〇キロのところである。村はヌイチュア国立公園に隣接しており、ニントゥアン第二原子力発電所として出力一〇〇万キロワットの二基の建設が予定されている。ヌイチュア国立公園の海岸は絶滅危惧種のアオウミガメの産卵地で、タイアン村沖合にはサンゴ礁があり、ベトナム人向けのエコツーリズムのサイトにもなっている。しかしタイアン村近辺には、過去に八メートルの津波が来たといわれ、周辺のチャム人の村には「波の神様」が祀られているところもあり、原発立地予定地として、はたして適地なのかどうか疑問が残る（ロシアが援助する第一原発の敷地内にも、津波の神様を祀るチャムの祠があるという）。

日本とベトナム社会主義共和国は二〇一三年に外交関係樹立四〇周年を迎え、ベトナム・日本双方の官民レベルでさまざまな交流事業が行われて、「日越友好」を演出した。二〇一四年に入ってからは、ベトナムと中国との領土紛争が激しさを増し、中国との間で似たような領土問題を抱える日本では、漁船を壊されたり、けが人を出したりしているベトナム側に同情的な報道が続き、安倍政権はベトナムへの武器輸出さえ開始する予定である。そのような日越の友好的な雰囲気の延長線上で、ベトナムへの原発輸出に向けた準備は着々と進んでいる。しかし、日本の原発に先立って建設予定だったロシア援助の第一原発に関し、二〇一四年一月、「着工が遅れる」とグエン・タン・ズン首相が述べ、同年九月には正式に延期が決定したことから、ベトナムへの原発輸出は報道・関心ともに下火になっている。

日本では周知のように福島原発事故によって脱原発運動が盛り上がり、事故直後に比べて関心が衰えているとはいわれているものの、二〇一四年三月の世論調査で、原発を段階的に減らし将来的にはやめる「脱原発」に七七％が賛成している。それに比べると、原発輸出への世論の関心は決して高いとはいえず、日本国内での「脱原発」には賛成なのに、「原発輸出」は問題ないと考える人々も少なくない。これは、原発輸出が身近に感じることの難しい問題であることに加え、輸出先の地元の状況や反応などがあまり伝わってこないことにもよると思われる。

とくにベトナムの場合は、グエン・タン・ズン首相が「日本のハイレベルな技術と安全性を信用している」「日本は事故から教訓を得て、絶対安全な原発を輸出してくれる」と期待を表明し、日本側は「日本の高水準の技術をぜひほしいという国の期待に応えたい」「（輸入国の）原発の安全性が高まることに貢献することは意義がある」などと答えたという、国家レベルのやりとりは報道されるものの、海外マスコミによる立地予定地の取材が許可されないため、ベトナムにおいても、日本においても、情報の流通に著しい問題をきたしたままである。そのため、ベトナム側がどういう状況の下にあるのか、原発輸入について人々はどう考えているのかなど、日本ではほとんど知られていない。

そのようなとき、本書共編者の吉井美知子氏の呼びかけで、原発輸入に関するベトナム側の反応や状況を明らかにし、原発輸出の問題点を問おうと、二〇一三年六月、鹿児島大学で開かれた東南アジア学会においてパネル報告を行うことになった。報告は、中野亜里・遠藤聡の両氏にも参加をお願いし、吉井・伊藤の計四人で行った。本書はそのパネル報告がもとになっている。同年九月に、早稲田大学で開催された複数のＮＧＯ共催によるシンポジウム「ここがマズイ、原発輸出――ベトナム編」でともに報告した満田夏花氏、田辺有輝氏にも執筆者に加わってもらった。さらに、この問題にいち早く取り組み、ドキュメンタリー映画を撮っていたジャーナリストの中井信介氏、そしてベトナム側で反対の論陣を張っている建設地の原住少数民族出身で詩人のインラサラ氏、ハノイ国家大学人文社会大学元副学長で元国会議員のグエン・ミン・トゥエット氏に心情を綴ったコラムを寄せてもらった。

＊＊＊

本書の構成を簡単に説明しておきたい。まず、第1章「ベトナムへの原発輸出はどう推進されてきたのか――経済政策の目玉としての輸出戦略」（満田夏花）は、福島の事故を踏まえて、ベトナムへの原発輸出の経緯を明らかにする。国の原子力政策に対して積極的に発言し、福島の原発事故の被害者に寄り添い支援を続ける満田は、故郷を奪われ、放射性物質をめぐって分断されていく地元民の心の内を紹介する。ベトナム人にもっとも伝えたい福島の現状である。また満田は、東日本大震災の復興予算まで流用して日本原電に行わせたベトナム原発の実現可能性調査（F／S）の調査報告書の一部を経済産業省から引き出した一人だが、その報告書が黒塗りで原発建設可否について第三者がまったく検証できない状況であることも批判している。

第2章「原発輸出と日本政府――海外原発建設に使われる国のお金」（田辺有輝）は、ベトナム、ヨルダンなどの原子力協定批准のための国会審議の際、衆議院外務委員会で参考人として証言し、砂漠に建設予定のヨルダン原発が下水処理施設から引いた水を冷却水として使用するというお粗末な計画であることを暴露して、委員会採決をいったん見送らせる重要な役割を果たした田辺による執筆である。田辺は地震国トルコに建設することの危険性や、ヨルダン、トルコともテロ多発地域であることなどを指摘し、海外事業に関与する際、日本の政策決定プロセスにおいて、現場の問題を丁寧に検討することの重要性を主張している。

第3章「ベトナムのエネルギー政策と原子力法――急増する電力需要への対応」（遠藤聡）では、ベトナムのエネルギー事情と原子力関係の法律の整備状況を解説し、とくにベトナム政府の原発必要論が根拠にしている電力需要予測を検討している。それによると、電力需要量は、二〇一〇年から二〇二〇年までに約三倍、二〇三〇年までには約六・五倍に増加すると予測しているが、これは、エネルギーの供給を現在の水力・火力（石油・天然ガス）発電中心から脱して原子力発電の比率を高めることを前提としている。ただし、GDP平均成長率を七～八％などと実際より高く見積もったうえでの数値である。

第4章「大規模開発をめぐるガバナンスの諸問題――ボーキサイト開発の事例から原発建設計画を問う」（中野亜里）は、中国が投資してすでに始まっているボーキサイト開発の事例を取り上げ、大規模開発をめぐるガバナンスの面から問題提起を行う。ベトナムで進む大型開発プロジェクトとして、原発建設、高速鉄道（新幹線）建設、ボーキサイト開発があり、ボーキサイト開発がもっとも先行している。中野は現地での聞き取りと、担当官庁との話し合いを通じ、政府側には、開発計画の透明性を確保し、多様なステークホルダーに問題解決への参加と自由な議論を認める意思がないことを明らかにし、このような政治構造の国家による原発の建設を援助することの危険性を説く。

第5章「誰のための原発計画か――その倫理性を問う」（伊藤正子）は、情報と言論を統制したうえで日本発の安全神話を広め、開発から取り残された少数民族地域に原発を建設しようとしているベトナム側の状況と、原発輸出によって技術の維持と経済的利益を追求し、米国の安全保障政策に追随しようとする日本政府や企業のありようを批判している。具体的には、二〇一二年五月にベトナムで起こった日本政府に対する原発輸出反対のネット署名運動を取り上げ、国策に反対の声をあげにくい現状のなかで活動する知識人たちと、情報不足のなかで原発立地に疑問をもたない人が多い地元との分断状況を描いている。

第6章「差別構造を考える――私たちにできること」（吉井美知子）は、日本政府が進める「システム輸出」によって、大都市と過疎地、大企業と日雇い被ばく労働者など、「差別構造」がそのまま輸出されるのみならず、新規立地が難しい先進国が途上国に（リスクの高い）原発を輸出することにより国家レベルの差別を助長することを指摘している。加えて、日本からベトナムへの原発輸出問題をめぐり自ら世界各地で講演や研究発表を行い、その過程で市民社会同士のネットワークを構築している様子を報告している。また、日越の市民社会同士のかかわりを通じて、我々市民に具体的に何ができるかを提言している。

さらに、中井信介、インラサラ、グエン・ミン・トゥエットのコラムを、論考の間にはさんである。中井は、二〇一二年二月にニントゥアン省タイアン村を個人で訪れ、村人に直接取材をして、ドキュメンタリー映画を撮ったビデオ・ジャーナリストである。中井の作品「忍び寄る原発——福島の苦悩をベトナムに輸出するのか」は、福岡アジア映画祭、ファイブフレーバー映画祭（ポーランド）、よこはま若葉町多文化映画祭に出品され、映像の一部は、ＴＢＳの「報道特集」でも使われた。コラム「原発建設予定地の村を訪ねて」は、タイアン村取材の様子をまとめたもので、農業や漁業を営みながら、美しい自然とともに生きてきたタイアン村の人々の日常風景と、日本が持ち込んだ一方的な「安全神話」を信じ込む若者たちが描かれている。

インラサラのコラム「チャム人と原発建設計画」は、詩人らしい流麗な文章で綴られている。誇り高いチャム王国がグエン朝（多数派キン人による王朝）に滅ぼされた経過に始まり、パンドゥランガ（現在のニントゥアン省を含む地域）で独特の文化を維持しながら、その後も生き抜いてきた様子が語られる。しかし、チャム人は二〇〇九年に突然原発建設計画を聞かされ、さらに福島の原発事故のニュースに絶句したのだ。グエン・タン・ズン首相の「延期」宣言がズルズルと引き伸ばされ、その間に原発に代替するクリーンエネルギーの開発が進んで、原発建設計画がうやむやになることを、彼らは実は望んでいる。

グエン・ミン・トゥエットは、「モノ言うベトナム知識人」の一人である。彼のコラム「民族の生命を外国技術の賭けの対象にはできない」は、必要性、実現性、計画の影響の三つの面から原発建設は妥当でないと述べ、原発輸出を推進しようとしているロシアや日本ではなく、脱原発の方向にある欧州のいくつかの国のように、ベトナムも再生可能エネルギーの開発を目指すべきとする。単線的な経済発展と物質的豊かさを追い求め、その延長線上でしか原発を考えていないベトナム人自身に、そうではない「豊かさ」に気づいてほしいという願いが込められているように感じられる。

＊＊＊

原子力発電の危険性と問題点について筆者が最初に学んだのは、地理の授業だった。一九七〇年代の末か一九八〇年代の初頭である。担当のT先生の顔は浮かんでくるが、中高一貫の私立校だったので、中学のときか高校のときかはすでに忘れてしまった。しかし、原発にどんな問題点があるか、手書きのプリントを用いてかなり細かく話してくれたことは覚えている。原発の技術はいまだ完成したものとはいえないこと、つまり核廃棄物をどうやって処理するのか解決できないまま発電しているという致命的な欠点があるという意味のことを先生は言った。また、広島生まれの筆者に、小学校で繰り返し聞かされてきた、許してはならない絶対悪の原爆の話と、原発の核技術が実はつながったものであることにも気づかせてくれた。一九七〇年代末から一九八〇年代初頭といえば、二度のオイルショックを経て、日本が原子力発電に突き進んでいたころである。私立校であるからできた話だったのかもしれないが、先生の授業は、国策を疑ってみるということを教えてくれ、とても大きな意味があったと思っている。団塊世代にあたるT先生は少し前に母校を定年退職された。

それから三〇年以上がたち、教員となった筆者は、現在の職場である京都大学で、ベトナムへの原発輸出の問題点について、大学院生と学部生を相手に、オムニバス授業で、これまで三回話をする機会をもった。そうした場で、少数派ではあるが、一〇人いれば一～二人必ず出てくる感想がある。「先生がやっていることは研究ではなく運動である。研究者なら研究について話すべきだ」「原発反対運動について自分は支持も批判もしないが、私が学びたいのは非政治的・学術的思考方法であって、そのような話は反対運動の講演会で行えばよい」。こういう反応をする学生を納得させられなかったのは、中高生時代のT先生ほど授業がうまくないという筆者の力量不足が大きいことは自覚している。しかし一方で、国費を投じて輸出されようとしているのであるから自分も無関係ではいられない、とはまったく考えない彼らの当事者意識の欠如と、犠牲にされつつあるベトナムの原発立地予定地の人々に対する想像力不足に慨嘆せざるを得ない。

本書が、原発を輸入するベトナム側の状況への理解を深め、日本に住むみなさんが、原発輸出問題を自分自身にかかわる問題であることを認識し、考えていくための一助となることを期待している。

伊藤正子

## 原発輸出の欺瞞――日本とベトナム、「友好」関係の舞台裏◎目次

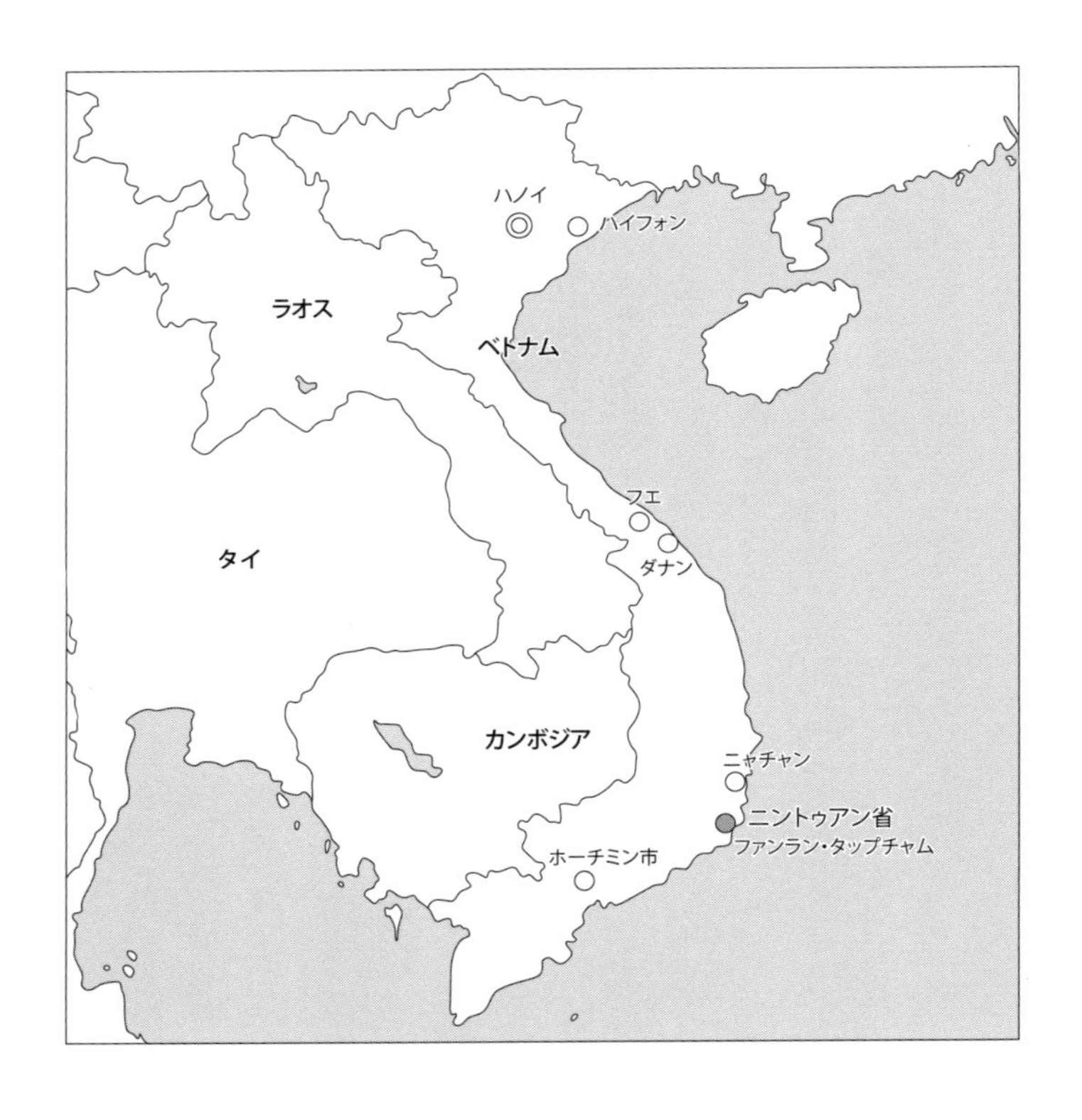
ハノイ
ハイフォン
ラオス
ベトナム
フエ
ダナン
タイ
カンボジア
ニャチャン
ニントゥアン省
ファンラン・タップチャム
ホーチミン市

ベトナム全図

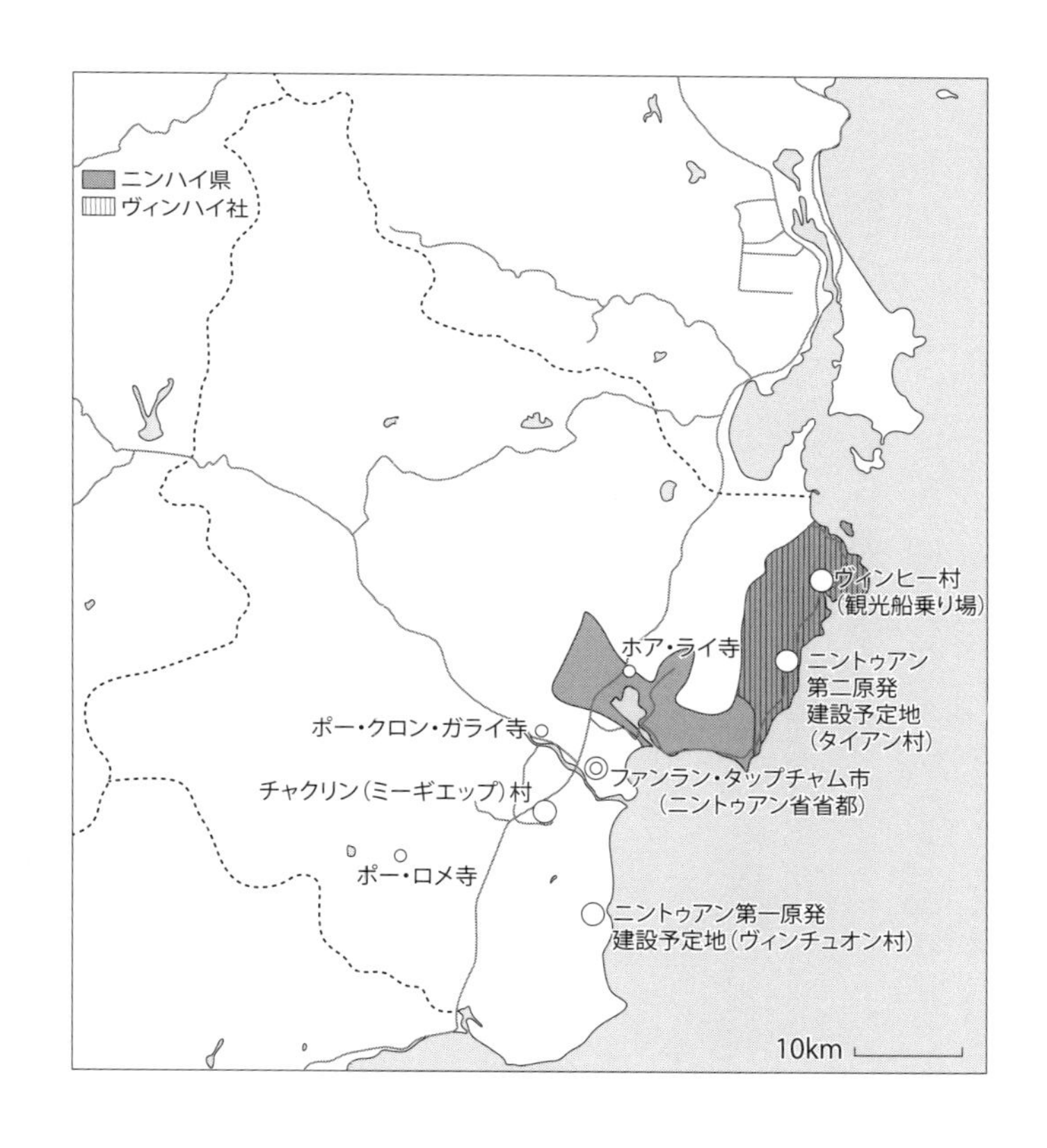


ニントゥアン省の原発建設予定地

第1章

# ベトナムへの原発輸出はどう推進されてきたのか

## ――経済政策の目玉としての輸出戦略

満田夏花

## 震災後も見直すことなく続いた原発輸出の促進策

二〇一一年三月一一日午後二時四六分に発生した東北地方太平洋沖地震。これに端を発して、福島第一原発の一、二、三号機は原子炉炉心から放射能を外部へ大量放出した。四号機もまた原子炉建屋が大破した。今なお、大量の汚染水がとどまるところを知らず海洋を汚染し続けている。

大量の放射能が広範囲に放出された。約一六万人が避難者として故郷を追われ、三年近く経過した二〇一四年一月現在も、約一四万人が帰還することができず、避難生活を続けている。

このなかには、政府指示による避難区域からの避難者だけではなく、自主的な判断による避難を強いられた人たちも含まれている。さらに、さまざまな事情により避難をしたくてもできなかった人たちもいる。

原発事故は、人々から故郷を奪った。また、多くの関連死をもたらした。相馬市のある酪農家は、「原発さえなければ」と書き残して自死した。東京新聞の調査によれば、避難中の死亡や避難先での自死などの原発関連死は、一五〇〇人に迫る（東京新聞二〇一四年三月一〇日付「原発関連死1000人超す　避難長期化、続く被害」）。生業を奪われ、住居を奪われ、生きがいを失った避難者が、自ら命を絶つケースが後を絶たない。

仮設住宅には高齢者だけが取り残され、なかにはすでに避難指示が解除され、賠償も打ち切られているのに、帰るに帰れない人たちもいる。

原発事故にともなう広範囲の放射能汚染は、人々から自然とともに暮らす喜びを奪った。

筆者は、宮城県の南端の丸森町筆甫（ひっぽ）地区で、住民の原子力損害賠償紛争解決センターへの申し立て（ADR申し立て）を支援している弁護士グループの聴き取り調査に同行したことがある。

真っ先に避難指示が解除された福島県田村市都路。田畑には除染土を詰めた袋が並ぶ

そのとき、ある若いお母さんの言った言葉が忘れられない。彼女は3・11以前に結婚し、それを機に故郷を出て都市に住むことも考えたという。しかし故郷への愛が彼女を引き留めた。

「自分が子どものころ遊んだ田んぼのあぜ道、山菜やきのこを採り、近所の人たちと分け合う喜び、その喜びを自分の子どもにも残したかった。それで、ここに住み続けると決めたんです。それなのに、原発事故が、そのすべてを奪ってしまった……」

放射性物質はまた、住民たちの心の分断をもたらした。

事故の直後から福島県内外で政府によるPRがさかんに行

われ、「放射能を過度に心配すること」が復興を妨げるというような空気が醸成された。放射能に関して心配する母親も、それを口にしづらい状況が続いた。放射性物質をめぐる健康リスクに関する見解の相違から、別居に追い込まれた家族もいた。

六〇人もの市民や専門家から構成される「原子力市民委員会」は、各地での討論を経て、二〇一四年四月、「脱原子力政策大綱」を取りまとめた。同大綱でもっとも力を入れたのは、福島原発事故の被害の実情に迫ることであった。

同大綱では福島原発事故の特徴を次のようにまとめている。

(1) 複合災害としての原発震災が現実となったこと
(2) 複数の原子炉が連鎖的に破壊されたこと
(3) 多数の人々を放射線被ばくさせ、健康被害のリスクにさらしていること
(4) 陸地の放射能汚染が深刻な被害を及ぼしていること
(5) 海洋の放射能汚染も深刻で、かつ、汚染の拡大が進んでいること
(6) さまざまな社会的な対立・分断を引き起こしていること
(7) 多数の原発事故関連死者を発生させていること
(8) 地域の生活を支えていた多くのものが一挙に失われ、人間の尊厳が傷つけられたこと

(9)事故収束のめどが立っていないこと
(10)事故収束・処理のために莫大な被ばく労働が必要となったこと
(11)金銭的側面だけでも巨額の損失をもたらしていること

以上は、原発の過酷事故が起きれば必然的に展開する事態と考えることができる。さら福島原発事故では、

(12)国および県の不十分・不適切な災害対応によって被害が拡大したこと

という特徴も加わり、深刻な事態が続いている。

3・11以降、国内の脱原発の世論は一気に高まった。当然、原発輸出政策も見直されるものと考えた人たちも少なくない。しかし、日本政府の原発輸出をめぐる姿勢は、二転三転する。菅直人総理大臣(当時)は二〇一一年七月、「もう一度議論しなければならない段階に来ている」と発言。その後、野田政権のときに、「他国との関係もあるため、3・11前から継続されてきた原子力協定は、そのまま手続きを進める。新たな原発輸出については、国内の政策と整合性を持たせる」という方針に転換した。

国民からの強い反対の声にもかかわらず、日本政府は国会に、ベトナム、ヨルダン、韓国、ロシアの四か国との原子力協定の承認案を提出。二〇一一年一二月九日に、造反議員を多く出しつつも、民主党、自民党などの賛成多数で可決した。

第二次安倍政権の自民党政権下では、「他国から求めがあれば、日本の先進的な技術を提供する」として、はっきりと原発輸出促進の政策に舵を切った。そればかりか、後述のように首相自ら企業を引き連れてトップセールスを行っている。多額の国税を投入している日本原子力発電（以下、日本原電）への数度にわたる調査委託に見られるように、原発輸出は「原発関連企業の救済」色すら帯びている。

## 「インフラ輸出」戦略の花形として

原発輸出とは、①原子力発電の技術および施設・部品を海外に売り出すこと、②海外における原子力発電所の建設事業に日本企業が参入すること、③海外における原発の導入に日本（企業・政府）が技術提供することなどを指す。

台湾第四原発などの本格的な原発輸出の例はあるが、従来は原発の部品の輸出や海外からの研修生の受け入れなど、限定的な意味合いにおいての「原発輸出」「原子力協力」が主流であった。

原発建設への日本企業の参入を視野に入れ、表立って大型の原発輸出を国の政策として本格的に行うようになったのは、民主党政権下において、日本政府が二〇一〇年六月の「新成長戦略」で、「アジアの所得倍増を通じた成長機会の拡大」としてパッケージ型インフラ海外展開を提唱したころからである。二〇一〇年九月には、アジアのインフラ需要に対応して民間企業の取り組みを支援し、国家横断的かつ政治主導で機動的な判断を行うことを目的に、「パッケージ型インフラ海外展開関係大臣会合」が設立され、この第二回の会合で原発が議題にあがった。

民主党政権の前の長期にわたる自民党政権下においても着々と原発輸出への公的な支援は続けられてきたが、原発輸出のために大っぴらに公的支援を活用したり、企業支援のためにODA（政府開発援助）を活用することなどは、民主党政権の経済政策の目玉商品として打ち出された。とりわけ原発輸出は、民主党政権が打ち出した「インフラ輸出」戦略の花形であり、当時は「原発ルネサンス」としてマスコミにもてはやされた。

二〇一二年一二月に自民党が政権を取り戻し、第二次安倍政権になってから、自民党はこの政策を継続し、さらに強化した。「経協インフラ戦略会議」を内閣府に設置し、「先進的な低炭素技術の海外展開支援」の一つとして原発を位置づけた。

原発ビジネスの国際展開を行う意義として、①世界のエネルギー安定供給、温室効果ガス排出削減、化石燃料依存度低減に貢献、②日本の経済成長に寄与、③国内の技術力・人材の厚みの維持強化の必要性、があげられた。

この説明については、とりわけ二〇一一年三月一一日の東日本大震災にともなう東京電力福島第一原発事故以降、多くの疑問の声があげられている。

## 公的支援なしに成り立たないという事実

大規模なインフラ事業への日本企業の参入には、原発に限らずさまざまな公的な支援が行われている。もっとも典型的なのは、国際協力銀行（JBIC）による公的資金を使った融資および日本貿易保険（NEXI）による付保である。

それ以外にも、官民連携事業（PPP）として、ODAを使って推進されている事業も多い。また、巨額の費用が必要となる、事業化のための実施可能性調査（F／S）やその前段階のプレF／Sに、経済産業省や日本貿易振興機構（JETRO）経由の税金が使われ、企業の海外の公共事業への参入を助けている。

大規模事業であるうえに、リスクが高く、相手国のエネルギー政策を大きく左右し、安全保障上も特別な配慮が必要とされる原発輸出は、当然にして国の関与が必要とされる。

典型的な公的支援の例として、①トップセールスによる営業、②国税を使った事業化のための調査（実施可能性調査）、③技術支援／人材育成、④JBICによる融資／日本貿易保険による付保、⑤ODAによる周辺インフラ整備などがあげられる。

二〇一二年一二月以降、第二次安倍政権になってからの首相や外相によるトップセールスは

華々しく、

- ベトナムへの原発輸出の継続を確認（二〇一三年一月一六日）
- 日・サウジ原子力協定、締結交渉開始で合意（同五月一日）
- アラブ首長国連邦（ＵＡＥ）と原子力協定（同二日）
- トルコと原子力協定を締結することで合意（同三日）
- インドと原子力協定交渉の再開（同二〇日）
- フランスと原発輸出に関する包括合意（同六月七日）
- 東欧で原発売り込み（同六月、ポーランド、ハンガリー、チェコ、スロバキア）
- 安倍首相、バーレーン、カタール、クウェート訪問（同八月）
- 岸田外相、ハンガリー、ウクライナ訪問（同八月）

などのように報道をにぎわせた。

首相の外遊に企業関係者が同行することも珍しくなく、トルコへの外遊には三菱重工業と伊藤忠商事が同行している。

公的資金を使った実現可能性調査などの事前調査は、さまざまな形態で行われてきた。たとえばベトナムのニントゥアン第二原発建設計画に関しては、以下のような事前調査が行われ、税金が投入されてきた。

- 予備的実現可能性調査（プレF／S）（二〇〇二年、日本原子力産業会議の支援を受け、日本プラント協会が実施。金額は不明）
- 経済産業省「低炭素発電産業国際展開調査事業」（ベトナムの原発計画に関する実施可能性調査F／S）（二〇〇九年、入札により日本原電が実施することが決定、一九億九九〇〇万円）
- 原発導入による二国間クレジットの制度化検討・調査（二〇一〇年、東京電力、三菱総研が受託。金額不明）
- 平成二三年度インフラ・システム輸出促進調査等事業（二〇一一年、日本原電受託、五億円）
- 平成二四年度インフラ・システム輸出促進調査等事業（二〇一二年、日本原電受託、三億五〇〇〇万円）

## 原発輸出の何が問題なのか

「はじめに」でもふれたように、本書では日本企業による本格的な原発建設事業参入が実現に近づいている案件の一つである、ベトナム・ニントゥアン第二原子力発電所建設事業を取り上げる。

同事業の概要やその問題点を指摘する前に、まずはベトナムに限らず、日本による原発輸出の問題点について概観する。

## 1 福島原発事故で大きく揺らいだ原発の安全神話

日本政府は、原子力事故の防止に向けた安全性（safety）の確保、利用する技術や機材・核物質が軍事転用可能なため民生目的以外に転用されないようにする核不拡散のための保障措置（safeguards）、テロリズムなどへの対応のための核セキュリティ（security）のいわゆる「3S」を国際的な原子力協力の前提として主張してきた。

今なお収束のめどが立たない東京電力福島第一原発の事故により、このうちの「原子力の安全性」が大きく揺らぎ、国際的な不信感が広がったことは疑いない。

加えて、原発事故により、一五万人を超える多くの人たちが故郷を失い、生きがいを失い、苦境のただなかにいること、また大量の汚染水が漏れ続けている実態が明らかになるにつれ、そのような状況下で日本が海外に原発を売り込むことの非倫理性が国際的に指摘されるようになった。

## 2 核不拡散との関係

原発輸出は核拡散につながる可能性もある。原子力発電所による原子力の商業利用と核兵器転用は、きわめて密接な関係にある。

そのため従来から日本政府は、国際原子力機関（ＩＡＥＡ）の枠組みの下に原子力の軍事転用を防止すべく原子力の保障措置を唱えてきた。この一環として、対象国を核不拡散条約（ＮＴＰ）の加盟国に限り、相手国との二国間協定を締結することを、原子力協力を推進するうえでの必要条件としてきた。

専門家からは、ＮＴＰだけでは不十分であり、最低限ＩＡＥＡとの強力な保障措置協定（追加議定書）の締結が必要不可欠であるという指摘が少なからずある。サウジアラビア、エジプト、ブラジルなどは追加議定書を締結していない。

ところが近年、日本が原子力協定を締結すべく交渉している国のうち、インドは追加議定書はおろかＮＴＰにも非加盟の核保有国である。核兵器開発を続けているインドへの原子力協力は、これを手助けするものとなる。

また、原発を導入したいという国々の思惑は、単にエネルギー供給源としてにとどまらず、原子力技術をもつことにより核武装への可能性を手に入れ、他国を牽制したいというところにあると思われる。よって、原発輸出は、核拡散のリスクを高め、地域の軍事的・政治的な緊張関係を高めることを助長することとなる。

## ３ 負の遺産と倫理性――放射性廃棄物と被ばく労働

国内であろうが国外であろうが、たとえ事故を起こさなくても原発につきものの固有の問題がある。そのうちもっとも顕著なのが、放射性廃棄物と被ばく労働の問題である。

放射性廃棄物については、日本国内でも処理のめどが立っていない。長期間にわたり確実に封じ込めるため、高レベル放射性廃棄物についてはガラス固化のうえステンレス容器に入れ深地層処分されることになってきたが、処分地は見つかっていない。たとえ処分地が見つかったにしろ、こうした処理には莫大な費用と危険性、放射性物質の自然界への拡散をともなう。半永久的に次の世代に負の遺産とリスクを背負わせることとなる。低レベル廃棄物についても処分地が見つかっておらず、一部、六ヶ所埋設センターおよび原発敷地内で浅地処分されているにすぎない。

さらに、被ばく労働の問題がある。原発を稼働させるためには、被ばくを前提とした作業員の存在が不可欠である。危険な作業は、電力会社の正社員ではなく、下請け、孫請け、ひ孫請けなど、弱い立場の作業員が行ってきた。健康被害も多く報告されている。

このように弱い立場の人たちが健康を削って作業を行うことが求められることは、原発特有の非倫理性として忘れてはならない。

## 4 原発依存型社会に

原発は建設に多額の資金がかかり、大規模集中型発電の典型である。ひとたび定常運転に入れば出力調整が困難であり、たとえ需要が減少しても電力を生み出し続けなければならない。これにより電力需要の削減や分散化のインセンティブが阻害されることとなる。すなわち、電力の大規模生産、大規模消費を所与としたエネルギー構造を生み出してしまう。国策によって原発を導入した地域社会は、それまで漁業・農林業・観光業や多様な地場産業があっても、政府からの多額の交付金や原発関連産業が導入され、原発依存型の経済に組み込まれていってしまう。

また、原発により、産・官・学・メディアなどによる利権構造が生じる。

ひとたび原発を導入した国において、たとえ悲惨な事故を経験しようとも、電力が足りていようとも、脱原発がいかに困難かは日本の例が如実に物語っている。

## 日本がベトナムの戦略パートナー

日本が原発輸出を計画しているニントゥアン第二原発の事業概要は以下のとおりである（二〇一一年時点の計画）。

- 場所：ニントゥアン省ニンハイ県ヴィンハイ社タイアン村（ファンラン・タップチャム市から北東に二〇キロメートル）
- 規模：一〇〇万キロワット×二基

・敷地面積：五一四ヘクタール（発電所敷地一一九ヘクタール、港湾三六ヘクタール）
・稼働予定：一号基発電＝二〇二一年、二号基発電＝二〇二二年
・事業規模：一兆円

ベトナム政府は二〇一〇年六月、二〇三〇年までに原子力発電所を八か所、計一四基（計一五〇〇万～一六〇〇万キロワット）建設・稼働するとした原発開発方針を承認した。計画では、ベトナム中南部のニントゥアン省の二か所に二基ずつ、計四基（計四〇〇万キロワット）が建設予定となっている。同国初の原発となる予定のニントゥアン第一原発（フォックジン社の二基）はロシアへの発注が内定した。

二〇一〇年一〇月三一日、グエン・タン・ズン首相と菅直人首相が会談し、日越合意を締結し、ニントゥアン第二原発の建設について、日本を戦略パートナーとすることを発表した。これにより、事実上、日本がニントゥアン第二原発の事業パートナーに内定したこととなる。日越合意に基づく日本側の協力の内容は以下のとおりである。

1．事業化調査（F／S）の実施
2．低金利かつ優遇的な融資
3．安全・先進的な技術の提供

4．技術移転および人材育成
5．使用済み燃料および廃棄物管理
6．燃料供給

これに先立ち、日本原電が二〇〇九年、経産省「低炭素発電産業国際展開調査事業」の約二〇億円の補助金を受け、ニントゥアン第二原発の実現可能性調査を行うこととなった。同社は二〇一一年二月に、ベトナム電力公社（EVN）との間で原子力発電導入に関する契約を締結した。当初の計画によると、二〇一一年度中に事業化調査の請負契約を締結し、その後一年から一年半程度かけて調査を行い、建設候補地の地盤調査・環境影響調査の結果のほか、必要な発電容量の試算、原子炉の炉型の選択肢なども提案することとされていた。

二〇一一年一月、日越両国政府間で原子力協定が署名され、同年二月承認案件として日本の国会に提出された。原子力協定は、核不拡散の観点から、原発輸出や技術支援を行う前提として必ず必要とされる。

しかし、同年三月一一日の東日本大震災にともなう福島第一原子力発電所事故発生を受け、日本側で原子力協定の国会承認プロセスに遅れが生じた。五月四日に野田佳彦財務大臣（当時）とベトナムのズン首相の間で会談がもたれ、原子力協定発効に向けて協力関係の維持が確認されたが、二週間後の一八日の国会審議では承認見送りが決定。

当時の菅首相は、原発輸出に関しては、国内の原発政策との整合性に鑑み「もう一度議論しなければならない」と発言し、見直しの姿勢を見せていた。

一方、両国政府間レベルでは、日本によるベトナム原発建設支援が確認され、事業推進を目指した動きが継続された。

野田佳彦首相（当時）は九月二二日、原子力安全及び核セキュリティに関する国連ハイレベル会合において、日本が今後も海外新興国等での原子力利用支援の活動を継続してゆくことを表明。その後、九月二八日には日本原電とベトナム電力公社との間で前述の調査事業契約が結ばれた。

こうして、多くの市民やＮＧＯなどが反対し、一部与党を含む多くの議員が採択を欠席するなか、一二月九日、参議院本会議にてベトナムを含む四か国との間の原子力協定の一括承認が採択された。

## ニントゥアン第二原発計画の問題点

ここで、前述の原発輸出の一般的な問題点に加え、原発輸出の問題に取り組んできたＦｏＥ　Ｊａｐａｎ、「環境・持続社会」研究センター（ＪＡＣＳＥＳ）、メコン・ウォッチの三つのＮＧＯが行った調査や検討を踏まえ、ベトナムへの原発輸出およびニントゥアン第二原発建設計画の問題点について整理を試みる。

## ①地元社会に与える影響

原発予定地周辺の産業は、農業・漁業・エビ養殖・塩田などである。豊かな海の恵みを受け、また乾燥地に適した農業が発達し、多くの人が農業・漁業・畜産業など複合的な生計を営んでいる。

ブドウ、ニンニク、コーヒー、ニョクマム（魚醤）、鶏肉、ヤギ・羊肉、陶芸などの特産品があり、豊かな自然資源と観光資源に恵まれている。

原発建設により、まず直接的な影響を受けるのは、原発立地にあるタイアン村である。村人は一キロメートル強離れた場所に移転を余儀なくされる。住み慣れた場所を離れることへの抵抗は大きく、FoE Japanが二〇一一年一一月および二〇一二年二月に行ったインタビューでは、多くの村人たちが移転したくないと話していた。

移転はしなくても、周辺の産業に与える影響が懸念される。とりわけ、港湾施設の建設や温排水の影響など、漁業には影響が出るだろう。

また、地域一帯に先住民族であるチャム人が住んでおり、その文化や生業が影響を受けること、また多数民族と少数民族の間にある情報格差により、放射能漏れなどが生じたときにその情報が正しく伝わらないことも考え得る。メコン・ウォッチが二〇一二年一一月に行った訪問調査によれば、原発立地二〇キロメートル圏内のチャムの村には事業の情報は何も伝えられていなかった。

さらに、前述のように原発が持ち込まれることにより、現在まで育まれてきた農業・漁業・観光業は少なからぬ影響を受けるものと考えられる。

### 2 ウミガメ産卵地の国立公園に隣接

予定地のニントゥアン省ニンハイ県ヴィンハイ社は、ヌイチュア国立公園に隣接した地域である。ヌイチュア国立公園は絶滅危惧種であるアオウミガメの産卵場所やサンゴ礁など貴重な生態系を有しており、原発の温排水等により受ける影響は大きい。

### 3 施工・運用技術の問題

ベトナムにおけるコンクリート施工リスクは日本の四倍以上あり、とくに「鉄筋腐食」の不具合は深刻な問題であるとの分析が出ている。実際に、二〇〇七年には日本のODAにより建設中だったカントー橋（全長二・七キロメートル）の橋げたが崩落し、多数の死傷者を出した。また、水力発電所が増水時に下流への警告を行わないまま放水を行い、多くの死傷者が出る事故が多発するなど、発電所の運用面での問題も多い。ブルガリアの危機管理専門家も、原発建設作業員の人材育成が大幅に遅延していると指摘している。

## 4 汚職腐敗とガバナンスの欠如

日本のＯＤＡで建設されているサイゴン東西ハイウェイで、ベトナム政府高官が関与する大がかりな収賄事件が発生。その他、汚職・腐敗事件が多発している。ベトナムでは、首相が建設予定地を承認し、科学技術省が建設を認可、産業貿易相が稼働を許可することになっているが、ＩＡＥＡは独立した規制機関の設立を勧告している。

## 5 津波対策が不明確

マニラ海溝でマグニチュード八・六の地震が発生した場合、最大五メートルの津波が到達すると指摘されている。過去には八メートルの津波が発生したとの指摘もある。チャム人の研究者によると、この地では津波で命を落とした人の墓があり、津波の神様が祀られているという。過去に大規模な津波があったことがうかがえる。

にもかかわらず、防波堤建設、ポンプの設置、発電機の設置などの津波対策が不明確である。

また、地質学者により周辺に三つの断層の存在が指摘されている。

## 6 周辺人口の多さと避難計画の不確実性

ニントゥアン省の州都で人口一八万人のファンラン・タップチャム市が原発予定地から約二〇

キロメートルのところにある。事故が発生した場合の避難住民数が多く、避難費用が莫大になると予想されるが、避難計画の実現可能性が明確でない。

### 7 情報公開・市民参加の欠如

ベトナムでは情報公開や表現の自由が制約されている。市民団体やジャーナリストによる調査では、住民には原発の必要性のPRはなされているが、放射性廃棄物の処理や事故時の対応などはいっさい説明されていないことが明らかになってきている。

### 8 不明確な使用済み燃料の処分方法

使用済み燃料は半永久的な管理が必要だが、処分方法が不明確である。

### 9 周辺諸国の反対

南北に長いベトナムの地形、モンスーン気候などを考慮に入れれば、事故が生じたとき、タイ、ラオス、カンボジアなどの周辺国も大気の流れや河川を通じて放射能汚染の影響を受ける可能性が高いが、周辺諸国への住民への説明や情報開示がなされる予定はない。ベトナムの原発建設についてはタイで強い反対運動が起こっている。

## 日本原電に流れる不透明な国税

前述のとおり、ニントゥアン第二原発建設事業では、日本原電が経済産業省からの補助金および委託契約により、実現可能性調査（F／S）を実施した。しかし、二回にわたる資金追加がそれぞれ何のために行われたのか不明であるうえに、調査報告書は開示されておらず、調査の妥当性について第三者がまったく検証できない状況にある。

調査費は、総額約二八億五〇〇〇万円。

これらは以下のようなかたちで三回に分けて支出されている。

①平成二一（二〇〇九）年度低炭素発電産業国際展開調査事業：一九億九九〇〇万円

②平成二三（二〇一一）年度インフラ・システム輸出促進調査等事業：五億円（東日本大震災復興予算の流用）

③平成二四（二〇一二）年度インフラ・システム輸出促進調査等事業：三億五〇〇〇万円

これに対し、二〇一一年以降、調査の内容について疑念を抱いた市民団体や国会議員が再三にわたり報告書の開示を求めてきた。二〇一三年一〇月にはようやく関連文書が開示されたもの

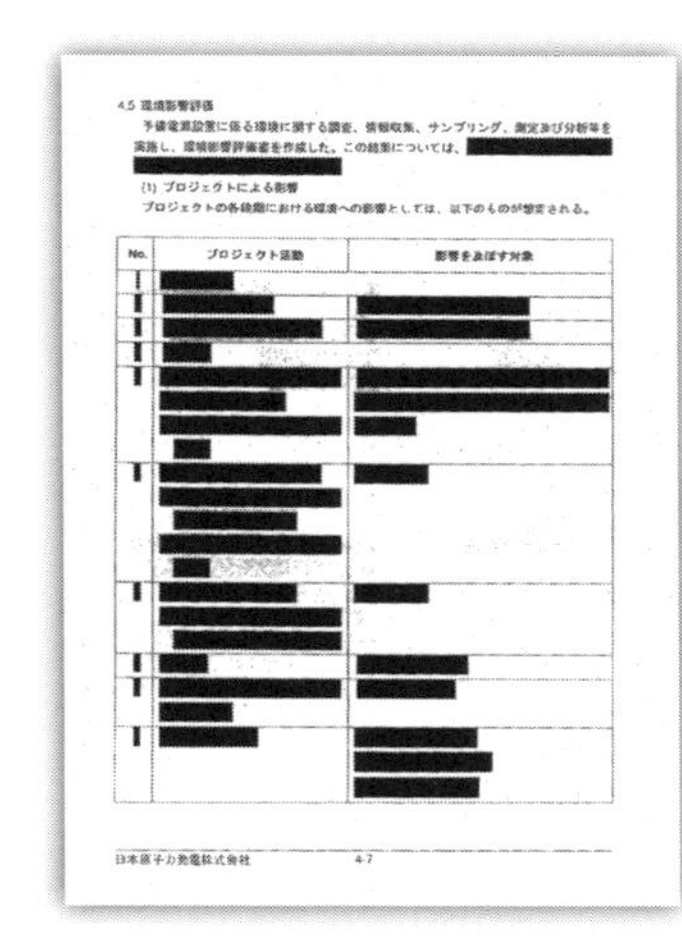

4.5 環境影響評価

予備電源設置に係る環境に関する調査、情報収集、サンプリング、測定及び分析等を実施し、環境影響評価書を作成した。この結果については、

(1) プロジェクトによる影響

プロジェクトの各段階における環境への影響としては、以下のものが想定される。

| No. | プロジェクト活動 | 影響を及ぼす対象 |
| --- | --- | --- |

日本原子力発電株式会社　4-7

ようやく開示されたベトナム・ニントゥアン第二原発の実施可能性調査の報告書の一部。ほとんど黒塗りだった（https://dl.dropboxusercontent.com/u/23151586/H23_Vietnam_report1.pdf）

の、二〇億円分の報告書本体は開示対象に含まれておらず、②の追加五億円分の報告書も内容がほとんど黒塗りで判別できなかった。

二〇億円分の報告書本体について経済産業省は、「この予算は補助金であるため、成果物の所有権は日本原電にある。経産省としては徴求していない」と、二〇一三年一二月二四日に回答し、開示を拒否した。これに対して、二〇億円もの国費（税金）を使いながら成果物の確認を行わないというのはあまりに杜撰（ずさん）という批判は根強い。

さらに問題なのは、③の三億五〇〇〇万円の追加契約が、国会議員や市民団体の質問にもかかわらず隠されてきたことが明らかになったことである。これは、一〇〇万円以上の契約の公表を定めた資源エネルギー庁の内規にも反する。

多額の国税が原発輸出の調査事業という名目で不透明な形で費やされていることも問題だが、さらに問題なのは、この実施可能性調査がはたして妥当な調査であったのか、ニントゥアン第二原発の計画が安全なのか、第三者が判断できない状況である。そのため国税の使途がはたして適切だったかも判断できない。

黒塗りの部分には、地層調査の手法や結果、周辺の環境放射線量、環境影響調査、事故時の対応など、原発の安全性や周辺の住民に直接影響を及ぼす可能性がある項目も含まれている。

## 世論と政策のギャップは埋められるか

二〇一四年一月、ベトナム国営メディアが、原発の着工時期についてズン首相が「二〇二〇年くらいまで遅れるかもしれない」などと述べたと報じた（日本経済新聞二〇一四年一月一七日付「ベトナム首相『原発着工、20年くらいまで遅れも』」）。一方、二〇一四年三月、訪日したチュオン・タン・サン国家主席は「予定に変更はない」と述べたとも報じられている（日本経済新聞二〇一四年三月一八日付「ベトナム、原発予定通り年内着工　国家主席会見」）。

ベトナム国内では、共産党の幹部や長老クラスにも、ベトナムでの原発建設に関しては少なからぬ慎重論が存在するようである。言語の壁によるタイムラグがあるものの、収束しない福島原発事故の惨状がベトナム国内の世論を少しずつ動かしていると考えられる。
日本では二〇一四年四月、新しいエネルギー基本計画が策定された。このなかで、原子力を「重要なベースロード電源」と位置づけ、国内においては安全が確認された原発から再稼働を行っていくとした。また、原発輸出についてもインフラ輸出の一環として推進していくことが盛り込まれている。

日本の世論はどうだろうか。二〇一三年六月の時事通信の世論調査では、海外への原発輸出推進は「支持しない」との回答が五八・三%で、「支持する」の二四・〇%の二倍以上となっている。

しかしこういった世論とは裏腹に、国会内で原子力協定は次々と批准され、また政府は着々と原発輸出のために税金を支出している。他の多くの社会的課題と同様、世論と政策のギャップが見られる状況である。

福島原発事故を経験した日本社会において、多くの人たちが原発の抱える矛盾や問題点、被ばく労働などの非倫理性などに問題意識をもつようになった。そして、国内の原発はもとより、他国への原発輸出に対して強い疑問の声があがっている。

福島原発事故の悲惨な経験についてはここに改めて記すまでもないが、原発さえなければという悲痛な言葉を残して、あるいは避難生活の苦労から、あるいは生きがいを失ったことから命を絶った人たちも多くいることを思い起こしたい。

筆者は、３・11以降、市民団体の一員として、原発事故の被災者の方たちとともに、被災者支援政策に取り組んできた。多くの被災者の方々の悩み、失われた生きがい、分断を見るにつけ、日本が輸出すべきなのは、このような不条理を生む原発ではなく、大量生産・大量消費のエネルギー構造に依存しないで済む技術や価値観ではないかと考えている。

コラム1

# 原発建設予定地の村を訪ねて

中井信介

## 原発にかかわる取材がしたい

「ベトナムに行ってもらえませんか？」

福島原発事故の数か月後、国際環境NGO FoE Japanのスタッフの女性からそう切り出された。それは、日本がパートナーとなって建設されるベトナムの原発建設予定地を取材してドキュメンタリーをつくってほしいという依頼だった。正直言って嬉しかった。僕には、3・11福島原発事故の直後に現地を取材できなかった後悔があったからだ。

実は3・11のとき、僕は仕事で東京にいた。そして知り合いのビデオジャーナリストのなかには、いち早く原発周辺の現場に向かい、タイムリーな情報をインターネット配信している者もいた。一方、別のサイトでは、「東京にも高濃度の放射能が降り注いでいて危険だ！　早く逃げるように」との情報が流れていた。僕は怖くなって、東京から逃げて香川県の自宅に戻った。僕は、ビデオジャーナリストとしての気概のカケラもない自分を責めずにはいられなかった。そして、いつかは原発にかかわる取材をしたいと思うようになった。ベトナム原発建設予定地のドキュメンタリー制作依頼は、そんな折の朗報だったのだ。

## 故郷への愛着と戦争の傷跡

二〇一二年二月初旬。ベトナム中南部、ニントゥアン省にある第二原発建設予定地のタイアン村に向かった。車が村にさしかかったとき、真っ先に目に飛び込んできたのは、木漏れ日に包まれたぶどう畑だった。やわらかな光のなかで収穫作業をする女性たちの笑い声が響き渡っていた。その様子を撮影していると、「もう、私ばっか

タイアン村のブドウ畑（筆者撮影）

り撮るんだから」と、ご婦人たちが大笑いしながら転げまわり、そこには平和そのものの光景があった。

　しかし、このまぶしい光景も数年後には消えてしまうかもしれない、そう思うと淋しくてならなかった。僕が村を訪れたときには、すでに日本人技師が来て地質調査を行っていた。それでも原発建設に反対する立て看板ひとつなく、そこには一党独裁で言論の自由が制限されているベトナムの政治状況が見て取れた。僕は、市場で野菜を売る女性たちに恐る恐る原発建設について聞いてみた。すると彼女たちからは、「ここは農作物がよく採れるのよ、ほかの土地には行きたくないわ」と、立ち退きを嫌がる声が躊躇なく出てきた。しかし「政府が決めたことには従うしかないわ」と、あきらめムードも漂っていた。

　ところが、村で出会ったなかでたった一人、頑として立ち退きに反対する八〇代の老人がいた。その老人は、強烈な日差しのなかを歩いていた僕たちを見て、「暑いだろ、ここに座りなさい」と縁側の日陰に招いてくれた。老人は、原発が何なのかまったく知らなかったが、「立ち退きについて、どう思いますか？」と問うと、それまでのやわらかな表情を曇らせて「嫌だ、ここで死にたい」と強い調子で言った。

その後、家のなかをのぞかせてもらうと、壁に並んだ賞状が目についた。国のためにベトナム戦争を戦って亡くなった人々に贈られる賞状だという。そのときの老人の表情は誇らしげだった。ところが、僕が構えるビデオカメラに気づいた瞬間、急におびえた表情になって、「それで俺を撃つのか？」と、おかしなことを言い出した。通訳のチンさんがすかさず「ビデオカメラを銃だと思ってるんですよ」と教えてくれる。そして老人は、失明した右目を指差しながら、「ベトナム戦争で目を撃たれたんだ、そして兄弟が亡くなった」「フランスとアメリカとの戦争で二度、村を追われた。戦争が終わって、やっと村に戻ってきたのに、もうどこにも行きたくないんだ」と、怒りとも悲しみともとれる表情で話し続けた。老人と出会って僕は、「現在は過去の延長線上にあるんだ」という、当たり前のことをしみじみと考えた。「国の政策だから立ち退け」と言う前に、戦争によって何年も故郷に帰れずに苦しみ続けた人々が、そこに暮らしているということにも思いを馳せるべきではないだろうか。個人が抱える歴史の重みを無視して立ち退かすことが、当人にとっていかに残酷なことかを想像してほしい。

**日本からもたらされた安全神話**

一方、若者たちの間では、原発建設に期待する声もあった。「ここは他の地域よりも平均収入が少ないんだ。原発をつくれば

タイアン村の川でタニシを獲る若者たち（筆者撮影）

投資によって経済が発展する」。これは同じニントゥアン省で、ロシアがパートナーとなり原発を建設する予定になっているヴィンチュオン村で聞いた話だ。エビの養殖場で働く四人組と出会ったとき、彼らは仕事もそっちのけで昼間から海鮮鍋を肴（さかな）にビールを飲んでいた。長身の青年が海鮮鍋を指差しながら、「この海で獲ったイカやタコだよ」と海の豊かさを自慢げに話す。そして青年は、原発建設による立ち退きで仕事を失うにもかかわらず「次世代のためにもつくらなければならないんだ」と言った。本来は「次世代のためにもつくってはならない」というのが、チェルノブイリや福島の原発事故から得た教訓だと思うのだが、報道規制のため正確な情報入手が難しいベトナムでは、この論理が通用しないことが多い。小太りの青年が「（行政は）開発計画があると良いことだけを言うんだよ」としながらも、「世界中に何百基という原発があるのに、事故を起こしたのは、たった三つだけじゃないか」と笑いながら言っていたのが印象的だった。

このように、ベトナムの原発建設予定地で一人歩きする「原発の安全神話」。その背景には、二〇一〇年に原発メーカーなどの招待で日本の原発を視察した村の重役たちの存在がある。タイアン村老人会会長のカンさんは、そのときの印象を「原発から三キロほどのところに町があった。これなら自分たちの村も大丈夫だと思ったよ」と、福島の現状を知っていたら口に出せないようなことを言った。そして視察の際、日本の担当者からは「〝原子力発電〟という原子爆弾に似た言葉を使うから怖いんです、これからは〝核発電〟と呼びましょう」と言われたという。まるで子どもだましの説明だが、カンさんは今も同じ説明を村人たちにしていると胸を張る。たしかに、村人たちと話していても、立ち退きを嫌がる声は多くても、その危険性から原発建設に反対する声は少ない。僕が福島の現状を話しても、「ベトナムには地震がないから大丈夫」「日本の技術は高いから安心」というような答えが返ってくる。そしてタイアン村の住民たちは、原発建設予定地からわずか二キロほどしか離れていない土地に移転することを自ら決めた。

気候や環境は違っても、福島と同じように美しい自然に囲まれたベトナムの原発建設予定地。その風土と調和し自然の恵みを受けて暮らす人々は、原発の危険性についてほとんど知らされていない。福島原発事故を経験した私たち日本人のすることは、この美しい土地と心優しい人々のもとに原発を輸出することではないはずだ。

（二〇一四年三月三一日）

第2章

# 原発輸出と日本政府

## ──海外原発建設に使われる国のお金

田辺有輝

史上最悪の福島原発事故が発生し、その原因検証も事故収束も不十分ななか、日本は海外への原子力発電関連資機材の輸出（以下、原発輸出）を積極的に推進している。しかし、原発輸出は、安全性、経済性、廃棄物処理、核拡散、環境社会影響等に多大な問題がある。本章では、日本からの原発輸出の変遷、日本政府の関与、原発輸出の問題点について概観し、急加速しつつある原発輸出について警鐘を鳴らしたい。

## アメリカの動きに呼応して始まった国際展開

日本企業による初の原発輸出は、一九七二年のパキスタンのカラチ原発への蒸気タービン納入であった。その後、アメリカのホープクリーク原発一号機への原子炉圧力容器の納入、台湾第一原発への原子炉格納容器の納入、メキシコのラグナベルデ原発一号機への蒸気タービンの納入等が行われた。原子力委員会は、一九八四年に「原子力分野における開発途上国協力の推進について」を発表し、中国、韓国、インドネシア等の原発導入への協力が開始された。

一九七九年のスリーマイル原発事故以来、アメリカでは原発の新規建設が行われていなかったが、二〇〇一年にブッシュ政権が誕生し、新規原発建設が推進されるようになった。二〇〇一年には「国家エネルギー政策」を策定し、原発推進の姿勢を表明。二〇〇二年には「原子力二〇一〇」を策定し、二〇一〇年までに新たな原発を建設・運転する目標を設定した。二〇〇五年にはエネルギー政策法が策定され、原発事業において債務保証が拡充されることになった。

このアメリカの動きに呼応するように、日本でも原発の国際展開推進の具体策が整備されていった。二〇〇五年に原子力政策大綱を策定し、原子力利用に関する「国際協力の推進」を表明。二〇〇六年には原子力立国計画を策定し、政府による積極的な支援意思表明、相手国との対話の強化、人材育成への協力、国際機関のレビュー調査への積極的参加、公的金融の活用、導入国における制度整備への支援、二国間協力協定等の枠組みづくり、原子力のクリーン開発メカニズム・共同実施への組み入れ、輸出管理・輸出信用付与手続きにかかわる柔軟な運用、官民連携による場の設定、官学の協力関係の拡大の一一項目にわたる具体策を表明した。二〇〇七年には日米原子力エネルギー共同行動計画が策定され、アメリカおよび新規導入国の原発建設での日米協力が約束された。アメリカは長期間にわたって新規原発建設を行っていなかったため、新規建設にあたっては日本企業の協力（日本からの原発輸出）が必要な状況に陥っていた。実際に、二〇〇六年には東芝がアメリカの原子力大手ウェスティングハウス・エレクトリックを買収。二〇〇七年には日立とGE（ゼネラル・エレクトリック）が原子力部門を統合した。

二〇〇九年に民主党政権が誕生して以降は、原発輸出に向けた具体的な進展が次々に表面化するようになった。菅内閣は、二〇一〇年六月に新成長戦略を発表した。その柱の一つとして、アジアを中心とする旺盛なインフラ需要に対応してインフラ分野の民間企業の取り組みを支援する「パッケージ型インフラ海外展開」が提唱された。九月には新成長戦略に基づいて設置されたパッケージ型インフラ海外展開関係大臣会合で、原子力発電を「当面の重点分野」として扱うことが示された。一〇月には日越首脳会談において、日本をベトナム・ニントゥアン省における原発二基の建設パートナーとすることを決定した。

二〇一一年一月には、日本の政府系金融機関である国際協力銀行（ＪＢＩＣ）がアメリカ・テキサス州におけるサウステキサス原発建設への支援を検討していることを発表し、環境アセスメント報告書のドラフトをウェブサイト上に公開した。サウステキサス原発では、アメリカのＮＲＧエナジーと日本の東芝が合弁で改良型沸騰水型原子炉（ＡＢＷＲ）二基を建設する予定であり、東京電力も出資の約束をしていた。しかし、福島原発事故後、ＮＲＧエナジーが投資の打ち切りを表明し、東京電力も福島事故対応にともない海外事業を縮小したため、事業は暗礁に乗り上げている。

二〇一一年三月の福島原発事故後、民主党政権は原発輸出の推進について再検証するとして、ベトナム、ヨルダン等との原子力協定の国会審議を停止した。ところが八月には、「諸外国が我が国の原子力技術を活用したいと希望する場合には、世界最高水準の安全性を有するものを提供すべき」として、原発輸出を継続する方針を決定。一二月には、ベトナム、ヨルダン等との原子力協定の批准が国会で承認された。二〇一二年九月、民主党政権は革新的エネルギー・環境戦略を策定。国内では原発ゼロを目指すことにしたものの、輸出は「諸外国が希望する場合、技術を提供する」という方針を決定した。

二〇一二年一二月には安倍自民党政権が発足。安倍首相は就任以来、積極的な原発輸出外交を展開し、ベトナム、トルコ、アラブ首長国連邦（UAE）、サウジアラビア、ポーランド、チェコ等へのトップセールスを展開している。核不拡散条約（NPT）に加盟しておらず、原発技術の核兵器転用の恐れがあるインドとの交渉加速も表明している。二〇一三年五月にはトルコ、UAEとの原子力協定に署名。一〇月には三菱重工業・伊藤忠商事等が参加する企業連合とトルコ政府が、トルコ北部の黒海沿岸に建設が予定されているシノップ原子力発電所プロジェクトの商業契約で大枠合意し、事業の実施可能性調査（F／S）が開始された。二〇一四年四月には日・トルコ原子力協定の批准が日本の国会で承認された。

日本からの原発輸出の変遷を見てみると、当初はGEやウェスティングハウス・エレクトリック等のアメリカ企業の傘下で、原子炉圧力容器や格納容器、蒸気タービン等の部品の輸出を行っていたものの、二一世紀に入ってからは自国での新規建設を目指すアメリカの思惑と、国内での新規建設が難しくなり海外に活路を開きたい日本の産業界の思惑が一致したため、フルパッケージでの原発輸出が推進されるようになった。この原発輸出推進政策は、国内で原発ゼロを目指すと決定した民主党政権でさえ止めることができず、その政策の見直しは政治的にきわめて高いハードルであることがわかる。

## 日本政府はどう関与するのか

原発輸出のプロセスはケース・バイ・ケースであるが、代表的なプロセスとしては、二国間原子力協定の署名・批准、優先交渉権の確保、事前調査、人材育成、受注決定、融資・貿易保険の確保、建設開始、運転開始となる。このうち政府の関与が大きいのは、二国間原子力協定の署名・批准、事前調査、融資・貿易保険の確保である。そこで、これら三つへの日本政府の関与について、詳しく検討してみたい。

### 1 原子力協定の締結

日本から原発輸出を行うには、輸出先の国との原子力協定締結が必要となる。原子力協定は、核燃料、原発関連機材、原発技術等を他国に供与・移転する際の法的枠組みで、原子力の平和利用を前提に国際原子力機関（ＩＡＥＡ）の査察受け入れ等を規定した国際協定である。日本が原発輸出先となる国と協定を結ぶ場合は、平和的利用の限定の約束、ＩＡＥＡ保障措置の適用、原子力安全四条約の実施、核物質の防護、第三国への移転規制、濃縮・再処理の禁止等が主なポイントとなる。

日本は福島事故後、輸出先の候補国となるヨルダン、ベトナムとの原子力協定を締結。二〇一

《表1》日本の二国間原子力協定等の締結状況（2014年11月時点）

| | 原子力協定名（略称） | 協定の状況（発効・署名・交渉中等） |
|---|---|---|
| 発効済 | 日加原子力協定 | 1960年7月発効、1980年9月改正 |
| | 日米原子力協定 | 1968年7月発効、（新協定）1988年7月発効 |
| | 日英原子力協定 | 1968年10月発効、（新協定）1998年10月発効 |
| | 日豪原子力協定 | 1972年7月発効、（新協定）1982年8月発効 |
| | 日仏原子力協定 | 1972年9月発効、1990年7月改正 |
| | 日中原子力協定 | 1986年7月発効 |
| | 日ユーラトム原子力協定 | 2006年12月発効 |
| | 日カザフスタン原子力協定 | 2011年5月発効 |
| | 日韓原子力協定 | 2012年1月発効 |
| | 日ベトナム原子力協定 | 2012年1月発効 |
| | 日ヨルダン原子力協定 | 2012年2月発効 |
| | 日露原子力協定 | 2012年5月発効 |
| | 日トルコ原子力協定 | 2013年6月発効 |
| | 日UAE原子力協定 | 2013年7月発効 |
| 交渉中 | インド、南アフリカ、ブラジル、メキシコ、マレーシア、モンゴル、タイ、サウジアラビア | |

三年五月にトルコ、UAE間でそれぞれ合意に達し、二〇一四年四月に国会で批准が承認された。また、インド、南アフリカ、ブラジル、メキシコ、マレーシア、モンゴル、タイ、サウジアラビアとの原子力協定を交渉中である（表1参照）。

また、原発輸出の候補国と原子力協定の締結状況を表2（次頁）に示す。ベトナム、トルコへの原発輸出がもっとも有力な輸出候補先となっていることがわかる。

二〇一一年のヨルダン、ベトナム等との原子力協定批准

《表２》原発輸出の候補国と原子力協定の締結状況

| | 原子力協定発効済 | 原子力協定未発効 |
|---|---|---|
| 日本企業の受注が決定済 | ベトナム（企業は未定）<br>トルコ（三菱重工業等） | |
| 日本企業が現地電力会社を買収 | イギリス（日立・東芝） | |
| 日本企業が受注を模索中 | アメリカ（日立・東芝・三菱重工業）、リトアニア（日立）、ヨルダン（三菱）、フィンランド（日立・東芝・三菱重工業）、チェコ（東芝）、ブルガリア（東芝）、UAE（未定）、カザフスタン（未定）等 | インド、南アフリカ、ブラジル、マレーシア、モンゴル、タイ、サウジアラビア等 |

のための日本での国会承認にあたっては、ＮＧＯを含む市民社会の働きかけにより、委員会採決の延期や与党の大量造反が生じた。同年八月には衆議院外務委員会でヨルダンとの原子力協定に関する参考人質疑が開かれ、筆者も参考人の一人として出席し、ヨルダンで建設が予定されている原発の危険性を指摘した。当時の与党である民主党の質問者からも原発輸出への懸念が表明され、野党からは原発輸出反対のヤジが飛び交い、予定されていた委員会採決が見送られた。参考人質疑によって委員会採決が延期されることは異例であり、原子力協定の国会承認は遠のいたかのように見えた。

しかし、一一月後半に事態が急展開し、ヨルダン、ベトナムを含む四か国との原子力協定を一体にして審議が開始され、ほとんど議論が行われないまま可決・成立してしまった。この間、原発問題に取り組む市民は、国会議員への電話・ＦＡＸ・面会等で原発輸出反対の要請を繰り返した。衆議院では当時の与党である民主党内で二名の反対者、一五名程度の棄権・退席者、一〇名以上の欠席があり、参議院でも、外交防衛員会の採決で与党筆頭理事が棄権・退席し、本会議採決でも民主党議員一二名が棄権した。

結果的に原子力協定は批准されてしまったが、与党内に四〇名以上の反対・棄権・退席・欠席が出たことは、今後の原子力協定批准議論においても、市民運動により協定批准に影響を与える可能性があることを示しているだろう。

### ②立地調査等の支援

日本政府は、輸出先の原発建設に関する事前調査（F／S等）に資金提供を行っている。ベトナムの原発建設計画については、二〇〇九年度予算「低炭素発電産業国際展開調査事業」において、約二〇億円の予算をかけて実施可能性調査が開始された。また、二〇一一年度の震災復興予算において、「インフラ・システム輸出促進調査等事業」の一部流用で約五億円が追加拠出されている。さらに、二〇一三年度の「原子力海外建設人材育成委託事業」（一一・二億円）では、トルコのシノップ原発建設のための地震動評価等が行われている。

原発輸出の問題に取り組むNGOは、再三にわたってこれら調査報告書の公開を経済産業省に求めてきた。経済産業省は当初、公開した場合に相手国政府との信頼関係を損なうとして情報公開を拒否していたが、二〇一三年に、ほとんどの個所が黒塗りになった状態で二〇一一年度「インフラ・システム輸出促進調査等事業」の報告書を公開した。にわかに信じがたいことであるが、二〇〇九年度「低炭素発電産業国際展開調査事業」は補助金事業で、経済産業省自身も報告書は受け取っていないとのことである。

これらの調査を受託しているのは、原子力規制委員会から敦賀原子力発電二号機（福井県）直下の活断層の可能性が指摘されているにもかかわらず、敦賀原発の再稼働を強行しようとしている日本原子力発電（以下、日本原電）である。経済産業省によれば、委託先決定に際しては外部有識者による審査が行われ、能力・実績・財務状況等が考慮されたとのことである。しかし、活断層の有無をめぐって原子力規制委員会と争っている以上、日本原電に地層調査の能力があるかどうか明らかではなく、委託先決定は妥当性を欠いている。外部有識者の名簿は非公開で、完成時に調査報告書が公開されるかどうかについても政府は明言を避けている。

原発輸出のための調査報告書は、日本の市民の税金を使用しているにもかかわらず重要な情報が公開されていない。また、原発立地国であるベトナム、トルコの市民にも重要な情報が公開されないまま建設事業が進む可能性があり、情報公開がきわめて不十分といえる。

### 3 政府系金融機関を通じた投融資と保険サービスの提供

日本の政府系金融機関であるＪＢＩＣと日本貿易保険（ＮＥＸＩ）は、原子力資機材の輸出の際に投融資や保険サービス等を提供してきた。ＪＢＩＣは、輸出入や海外投資に際して企業への出資・融資・保証等を行う政府系金融機関で、約一三兆円の出融資・保証残高を保有している

（二〇一三年三月末現在）。政府出資一〇〇％の資本金（約一兆円）を原資として、約一〇兆円の資金を政府借入・国債等を通じて調達している。ＮＥＸＩは輸出入や海外投資の政治的・経済的リスクに対する保険を提供する機関で、約一二兆円の責任残高を保有。二〇一二年度は約八兆円の引受実績がある。通常、保険支払いは保険料で充当するが、保険支払いが多額の場合は政府から借入を行うこともある。

一九九〇〜二〇〇二年にかけて、ＪＢＩＣは中国の広東原発・泰山原発、メキシコのラグナベルデ原発への部品供給に際して融資を行い、インドネシアのムリア原発の実現可能性調査を支援している。この間の融資総額は、朝鮮半島エネルギー開発機構（ＫＥＤＯ）への一一六五億円の融資を除くと約三〇〇億円である（ＮＥＸＩの付保額は不明）。

二〇〇三〜一二年には、計二三か国・地域に一二四八億円分の原子力関連機器が輸出されている。うちＪＢＩＣとＮＥＸＩが支援した分は約七三七億円で、米、仏、ベルギー、フィンランド、中国等への原子力関連部品の輸出が行われている。五一一億円分は、ＪＢＩＣ・ＮＥＸＩの支援を受けずに台湾、スウェーデン、ブラジル等に輸出されている。二〇〇三年・二〇〇四年には、日本企業による台湾第四原発への原子炉の輸出が行われた。直接の受注元はＧＥだったが、一号機原子炉が日立製、二号機原子炉が石川島播磨重工業（現ＩＨＩ）製、各発電機が三菱重工業製であった。

情報公開が不完全であるため断定的なことはいえないが、これらの情報を見るかぎり、これまでの原発輸出には二つの大きな特徴があったと考えられる。一つは、メキシコや中国等、すでに原発を保有している国に対する輸出であったこと。そしてもう一つは、部品の供給者に徹していたことである。

ＪＢＩＣやＮＥＸＩが原子炉関連資機材の輸出を支援する際、安全性等について経済産業省が確認する制度がある。二〇一二年以前は、経済産業省が原子力安全・保安院に確認作業を委託し、原子力安全・保安院が機器の安全性や相手国の制度等の確認作業を行っていた。しかし、二〇一二年九月、原子力安全・保安院は廃止され、国内原発の安全性審査を行う部署は経済産業省から独立し、原子力規制委員会が管轄することになった。原子力規制委員会は、推進業務である輸出に関与すると規制機関としての独立性を保てないとして引き継ぎを拒否。現在もこの安全確認制度は確認作業を担当する部署が存在しないまま宙に浮いた状況にある。

経済産業省は自ら安全確認する方向で検討中とのことだが、推進部署である経済産業省が安全確認を行うことはお手盛りの確認作業になりかねない。また、これまでの経済産業省の確認は、輸出する機器の品質、国際取り決めの遵守状況、相手国の安全制度等に限定されており、シビア・アクシデント対策を含む原子炉の安全性や事故時の住民避難計画等は確認項目に含まれていないため、確認作業そのものも不十分である。

通常、ＪＢＩＣやＮＥＸＩが事業に対する支援の是非を審査するにあたっては、事業によって引き起こされる現地住民の強制移転や天然林の伐採等、その事業が取り返しのつかない現地への負の影響をもたらすことがないよう、環境社会配慮ガイドラインに則って、事業が適切な環境社会配慮を実施しているか確認することになっている。しかし、環境社会配慮ガイドラインには原子力特有の問題（核拡散の防止、安全性の確保・事故時の対応、放射性廃棄物の適切な管理・処分等）について何ら規定がない。

そのため、二〇〇七年、原子力資料情報室、メコン・ウォッチ、国際環境NGO FoE Japan、「環境・持続社会」研究センター（JACSES）等の日本のNGOは、JBICとNEXIの環境社会配慮ガイドラインの改訂の際に、原子力特有の問題三点についても規定するべきという趣旨の提言を両機関に提出した。結局、環境社会配慮ガイドラインには含まれることはなかったが、日本政府は二〇〇八年、近藤正道参議院議員（当時）の原子力関連プロジェクトに関する質問主意書に対し、JBICについては、「プロジェクトの安全確保、事故時の対応、放射性廃棄物の管理等の情報が適切に住民に対して公開されていない場合には、貸付等を行うことのないよう、今後指針を作成する」と、またNEXIについては、「保険種ごとの制約を踏まえつつ、輸出者等を通じてプロジェクト実施主体に対して情報公開を促す等、可能な範囲で対応する」と回答した。

しかし、六年以上が経過した今も指針はできていない。原子力特有の問題については、経済産業省の安全確認制度においても、JBIC・NEXIの環境社会配慮確認においても十分に確認がなされず、巨額な公的資金がつぎ込まれ、多大なリスクを抱えているにもかかわらず、十分な審査が欠如してしまっている。

日本の政府系金融機関であるＪＢＩＣやＮＥＸＩからの支援、大手民間金融機関からの融資も想定されている。債権が焦げついた場合や多額の保険事故が生じた場合、日本の納税者に負担が課される可能性もある。たとえば、サウステキサス原発ではＪＢＩＣから四〇億ドル（約四〇〇〇億円）の融資が想定されていたが、これはＪＢＩＣの資本金一兆円の約四割に相当する金額である。回収が不能になれば巨額の国民負担が不可避である。

## 原発輸出をめぐる四つの問題点

ベトナムの原発輸出の問題点については他章で詳細に検証されているため、本章では日本からの輸出が想定されているトルコとヨルダンの原発建設事業を中心に、原発輸出プロジェクトにおける安全性、経済性、廃棄物処理・核拡散、環境社会影響の問題を検証する。

### 1 安全性

原発の安全性については、日本国内と同様、輸出先の国々でも多くの課題がある。たとえば、ヨルダンの原発建設予定地となっている場所は世界有数の乾燥地域の内陸部であり、慢性的な水不足に見舞われている地域である。そこで、ヨルダンの原発建設事業では、首都アンマン郊外にある下水処理場を拡張し、長大な導水管を建設して、その処理水を原発の冷却水に使用するというきわめて異例な計画となっている。発電所における冷却水のストックは約一五日分（八三万平方メートル）とのことであるが、福島原発事故では海水注入という事態に進展しており、ヨルダンで同様の事故が起こった場合、冷却水が不足する可能性が高い。

ヨルダンはシリア・アフリカ断層上に位置し、地震のリスクを抱える国でもある。福島第一原発事故では、送電線の鉄塔が地震に耐えられず崩壊したことで外部電源が不通になった。原発自体は耐震性を考慮して建設する予定とのことだが、原発の運転に不可欠な下水処理場・導水管・送電線等の周辺インフラもすべて耐震性の確保がなされるかが明確でない。

原発建設予定地は、首都アンマン（人口約二二〇万人）や第二の都市ザルカ（人口約八〇万人、ヨルダンの工場の五〇％が集中）の近郊にあり、事故時の影響は甚大である。予定地の下流域には野菜や果実の一大生産地であるヨルダン渓谷の灌漑地域が広がっており、事故が生じた場合、農業への影響も計り知れないものになる。事故が起こったときの影響の大きさ、対処の困難さを考えれば、この立地は現実的ではない。

トルコは、一九〇〇年以降にマグニチュード六以上の地震が七二回発生している地震国である。過去五〇年間に一〇〇〇人以上の死者が出た大地震が七回発生しており、なかでも一九九九年のトルコ北西部地震では一万七〇〇〇人以上の死者、四万三〇〇〇人以上の負傷者が発生している。

トルコは地震国であるにもかかわらず、建物やインフラの耐震補強は進んでいない。たとえば、イスタンブール市の耐震補強率（二〇〇九年）は全建物の一％で、耐震化工事が施された公共施設は、三〇〇〇の学校のうち二五〇校、六三五の公立病院のうち一〇か所のみとなっている。

シノップ原発では、三菱重工業とフランスのアレバ社が共同開発したＡＴＭＥＡ（アトメア）と呼ばれる加圧水型軽水炉（一一〇万キロワット級）が四基建設される予定である。仮に原子炉自体の耐震性が高いものであったとしても、大地震が発生した場合、道路・上下水道・送電線等、周辺インフラが寸断される可能性が高く、事故対応がきわめて困難になる。実際に一九九九年のトルコ北西部地震では、重要な変電施設で機器損壊が相次ぎ、数日間にわたり停電する事態が発生している。

日本では福島第一原子力発電所の事故を踏まえ、原子力の推進機関と規制機関の分離が行われ、原子力規制委員会と原子力規制庁が発足した。しかし、トルコでは推進と規制の両方をトルコ原子力庁（ＴＡＥＫ）が担っており、「推進と規制の分離」が図られていない。ＴＡＥＫは、チェルノブイリ事故による放射能の情報を非公開にしてきたことが批判されており、二〇〇七年には大規模なデータ改ざん事件も発生している。

トルコの原子力専門家は、アトメアⅠ型炉の運転実績がゼロであることを懸念している。また、シノップとアックユの両原発を同時期に運転するには、規制当局への負荷が大きいと指摘している。原発を初めて導入する国に対しては、建設や運転に関する人材育成のみならず、健全な規制当局の人材を育成することも必要となる。安倍首相は、日本の原発技術は世界一安全とアピールしているが、日本において独立した規制当局は二〇一二年九月に発足したばかりで、他国に対して規制当局人材の育成支援をどのように行えるのかは大きな疑問である。

### 2 経済性

福島原発事故以前、日本では原発の経済優位性がさかんに宣伝され、原発新規建設の原動力となっていた。しかし、福島事故後、事故コスト等を考慮した場合の経済性に対して多くの疑問が投げかけられるようになった。

実際に、電力自由化の進んだアメリカでは新規建設計画が次々と中止になり、大幅な後退を示している。連邦議会は、二〇〇八年に一八〇億ドルの原発建設支援予算を計上し、二〇〇九年までにアメリカの電力会社は三一基の新規建設を申請した。しかし、シェールガス革命の到来で天然ガス価格が急落。実際に新規建設に踏み切ったのは四基のみだった。アメリカでは、これまで一〇四基あった原発のうち、今後二〇年以内に四三基が廃炉になるといわれている。

原発は他の電源に比べて初期の建設コストが膨大になるが、その建設コストは電気料金や財政支出等を通じて消費者・納税者が負担することになる。しかし、ヨルダンの対外公的債務残高は六九・七億ドル（二〇一二年）で、依然として外国の援助に依存している状況である。外務省ウェブサイトでは「都市・地方間の所得格差、高い水準で推移する貧困率・失業率、慢性的な財政ギャップ等、構造的な問題を抱え、依然として外国からの資金援助、地域の治安情勢、外国からの短期的な資本流入の動向等に左右されやすい脆弱性がある」と指摘されている。

トルコのシノップ原発のコストは、二二〇億〜二五〇億ドルと推定されているが、同じくトルコにおいてロシア国営原子力企業ロスアトムの傘下企業が受注しているアックユ原子力発電では、コストが二〇〇億ドルから二五〇億ドルに跳ね上がり、現在も見直しが検討されている。また、廃炉費用や廃棄物処理費用は未定となっている。そのため、シノップ原子力発電所においても、コストの上昇が生じる可能性がある。世界エネルギー会議のメンバーで、トルコのエネルギー専門家であるオウズ・テュルクユルマズ（Oguz Turkyilmaz）氏は、トルコは太陽・風力等、再生可能エネルギーのポテンシャルが豊富にあり、長期的には原子力発電がコスト高になるだろうと指摘している。

途上国で巨額なコストをかけて原発を建設することは、高い経済・財務リスクをともなう。また、原発事故が発生した場合、国の財政に致命的な影響を与える可能性がある。

### 3 廃棄物処理・核拡散

使用済み核燃料は数十年間、中間貯蔵を行って冷却した後、地中もしくは地上で半永久的な管理が必要となる。使用済み核燃料の最終的な処分方法・処分場所は日本でさえ決定しておらず、その管理責任とコストは将来世代に押しつけられることになる。輸出先のなかには、ヨルダンやトルコのように地震国で紛争・テロの危険性が高い国もあり、こういった国では最終処分のみならず中間貯蔵の際も課題が少なくない。

ヨルダンでは、二〇〇五年八月に南部アカバで米軍輸送艦や空港へのミサイル発射事件が発生した他、同年一一月にはアンマンのホテル三か所が同時に爆破され、六〇人が死亡、一〇〇人以上が負傷する自爆テロが発生。二〇一〇年四月と八月にもアカバでロケット弾が発射されるテロ事件が発生している。原発だけではなく、下水処理場や導水管等、運転に必要な周辺施設も含めて対テロ対策を行う必要がある。

トルコは過去五〇年の間に三回の軍事クーデターが発生している。現在でも、テロの頻発化、シリア難民の大量流入、イスタンブールの公園撤去問題、エルドアン政権閣僚の大規模汚職事件等、政治は混迷している。『週刊朝日』の取材に対して、経済産業省関係者は「最終処分場問題についてはあえて触れないと事前に申し合わせていた」と語っている。使用済み燃料処分の最終的なツケを負わされるのは、トルコの市民・消費者であり、そのコストを明らかにしないで原発を売りつけるのは、あまりに不誠実な姿勢である。

ＮＰＴを批准せずに核実験を繰り返すインドに対して原発を輸出することも、核拡散を深刻化させる。インドは原発施設に対するＩＡＥＡの査察は認めているが、技術や情報の移転等、原発施設と核兵器施設との完全な分離は不可能である。実際に、インドは原発の使用済み燃料から取

シノップ住民による原発建設反対運動の様子（Anti Nuclear Sinop 提供）

り出したプルトニウムを利用して核実験を行っており、兵器転用リスクのきわめて高い国である。

### 4 環境社会影響

原発建設は、周辺環境や市民生活にも深刻な影響をもたらす可能性がある。シノップ市長のパキ・エルギュル氏は、地元経済を支えている観光産業に甚大な影響を与えるとして二〇〇九年の選挙で原発建設反対を掲げ当選。以来、原発建設に反対の姿勢を貫いている。地元自治体であるシノップ市の市長が原発建設に反対しているなかでは、住民避難計画の適切な策定・実施は困難であるため、地元自治体の同意なしに事業を進めるべきではない。

また、シノップでは一九八六年のチェルノブイリ原子力発電事故でも小麦や生乳に放射能被害が生じたことから、地元住民の反対運動も根強く、デモや集会が繰り返し開催されている。二〇一三年一一月、シノップ市の市民団体は、日本の国会議員に対して原発輸出の停止を求める要請書（市民二八七一名が署名）を提出した。二〇一四年一月には、トルコのイスタンブールにある日本領事館前で、トルコの環境ＮＧＯのネットワークであるトルコ反原発連合（Antinuclear Alliance of Turkey）による原発輸出反対デモが行われた。デモ隊の代表者は日本領事館職員と面会し、日本の国会議員に対して日トルコ原子力協定の否決を求める公開書簡とシノップの「汚染されていない土」を手渡した。

日本でも、筆者の所属する「環境・持続社会」研究センター（ＪＡＣＳＥＳ）や国際環境ＮＧＯ ＦｏＥ Ｊａｐａｎ等が中心となって、二〇一三年一一月に協定の批准撤回を求めて国会議員（両院議長、衆院外務委員、参院外交防衛委員）に要請書を提出。国会でのトルコとの原子力協定の批准手続きが二〇一四年一月からの通常国会へ先送りになったため、署名募集を継続し、二〇一四年一月に二回目の要請書提出を行った（一四二団体・個人三三七〇名〈うち海外一八〇五名〉が署名）。

## 限りなくゼロに近い妥当性

安倍首相は、二〇一三年一〇月一八日の参議院本会議において、「廃炉までのロードマップ、汚染水対策では基本方針をすでに策定している。事故の教訓を世界で共有することが我々の責務であり、技術を提供していく考え」と回答している。

しかし、福島第一原発の事故により、福島県だけでもいまだに一四万人以上の人々が故郷を奪われている。汚染水処理のめどは立っておらず、実現可能性は不透明なままだ。シノップ原発の状況を見るかぎり、「事故の教訓を世界で共有する」という言葉の裏づけはまったくとれていない状況だ。

JNNが二〇一三年六月に行った世論調査では、五九％の人が海外への原発輸出について反対と答えている。このような状況で原子力協定が国会承認され、公的資金を使って原発建設の支援をすることには、とうてい市民の理解を得ることができないだろう。

日本政府は、ODAや日本企業への公的金融支援を通じて、海外におけるダム・発電所・港湾・道路建設への支援を行ってきた。そのなかには環境・社会的に問題のある事業も少なくない。これまで、こうした問題は日本でクローズアップされることは少なかった。

海外の事業に関与する際、現場の問題を丁寧に見ることは重要である。原発輸出に関する国内の議論活性化をきっかけとして、日本の政策決定プロセスにおいて、もっと現場の問題を丁寧に検討するプロセスが定着することに期待したい。

本章で指摘した通り、原発輸出には安全性、経済性、廃棄物処理、核拡散、環境社会影響等、多くの問題がともなうが、これらを一つ一つ丁寧に検討していったときに、原発輸出の妥当性は限りなくゼロに近いものになるだろう。

原発事故によって多くの人々の生活が奪われ、生命が脅かされ、そして今も放射能汚染に苦しんでいる人々がいる。将来、二度と同じような被害が起こらないよう、日本の経験を世界に伝え、アメリカ、ロシア、フランス、韓国、中国等、他の原発輸出国の市民と協力しながら、グローバルな原発増設を回避する必要があるだろう。

※本調査研究・執筆にあたっては、一部ソーシャルジャスティス基金からの助成を受けています。

《参考文献》

相楽希美（2009）『日本の原子力政策の変遷と国際政策協調に関する歴史的考察』独立行政法人経済産業研究所（http://www.rieti.go.jp/jp/publications/summary/09090004.html）
日本原子力産業協会国際部『我が国の二国間原子力協力協定の現状』（二〇一三年五月七日）（http://www.jaif.or.jp/ja/news/2013/bilateral-agreement-memorandum130507.pdf）
日本原子力産業協会『トルコの原子力発電導入準備状況』（二〇一三年一〇月七日）（http://www.jaif.or.jp/ja/asia/turkey/turkey_data.pdf）
毎日新聞「原発機器輸出　一〇年間で四割が安全確認手続きなし」二〇一三年一〇月一四日
「環境・持続社会」研究センター（ＪＡＣＳＥＳ）『原発輸出に関する提言活動』（二〇一四年九月二五日）（http://www.jacses.org/sdap/nuke/index.htm）

コラム2

# チャム人と原発建設計画

インラサラ◎吉井美知子訳

## パンドゥランガの歴史

パンドゥランガ（現在のニントゥアン、ビントゥアン両省に相当）は、地理的・歴史的に見ると、古チャンパ王国の四州のうち南端の二州を形成する地域である。数々の興亡があった王国の長い歴史を通じて、この地域は常にあらゆる面での苦難に遭ってきた。チャンパ王国の最盛期にアマラヴァティ州にあった文化の一大中心地（訳注：現在のダナン周辺）から遠く離れ、この地域はほとんど重要視されてこなかったといってよい。数え切れないほど何度もクメール人の侵略を受け、そのたびにパンドゥランガの人々は孤軍奮闘して抵抗した。そしてその後王国が衰退してからは、パンドゥランガだけが民族の代表として闘い、その存続を守ったのだ。存続というのは、まさにパンドゥランガ人の性格そのものだ。地理的な位置と取り巻く状況が、人々に独立の精神を植え付けてきたといってよい。独立の精神と抵抗の力は代々にわたり困難のなかで鍛え上げられてきたもので、人々は頑固なばかりの我慢強さを有している。

とはいえ、一七世紀から一八世紀にかけてグエン氏、そしてその後にはタイソンの反乱軍がニャチャンを完全に侵略し、さらに南方の広大な地方をごっそり領有してしまった。しかしそれでもパンドゥランガはしっかり独立を守った。一八三二年にはここの自治権がミンマン帝（訳注：キン人が開いたグエン朝の二代目皇帝）からひどい侵害を受け、ポー・チョン・チャンが群臣を引き連れて急きょカンボジアに逃げ込んだ。こうしてこの土地の主は交代することになった。それから一〇年間、大小合わせて一〇以上のいろいろな抵抗運動が起こったが、一八三四年にはとうとうすべて制圧されてしまった。そしてチャンパの名は世界地図から完全に消え去ってしまったのだった。

それでもパンドゥランガ人は今も残っている。この地に残って耐え忍び、乱を逃れて他の地域からやってきたチャム人たちを受け入れ、彼らにパンドゥランガ精神を吹き込み、民族の色濃く、地域の特色を備え、結束した共同体をつくりだしたのである。過激であると同時に寛容、頑固であると同時にへりくだっている。こういうパンドゥランガ人だからこそ、バラモン教とイスラム教というそれまで対立していた二つの異なる宗教を融合させ、バニ教（古イスラム教）をつくりだすことができた。このような宗教融合は人類の歴史上、他に例がない。

二〇一二年三月付の統計によると、ニントゥアン在住のチャム人は七万五二〇〇人となっている。思えば一九〇八年には、ニントゥアンのチャム人人口はわずか六〇〇〇人で、それがほぼ一世紀後に一二倍強に増えたことになる。飢え渇きながらも、彼らは祭礼を欠かすことはなかった、それも多種多様な祭礼を。辛苦にあえぎつつも、歌を唄い、舞を踊り、詩を吟じてきた。キン人のなかに混じって生活し始めると、彼らはすぐに溶け込んだ。しかし、決してパンドゥランガの性格や民族文化の独創性を失ってはいない。

## 突然のニュース

ニントゥアンのチャム人はこの土地に二〇〇〇年以上にわたり居住している。ここの古い記念碑にはチャクリン村の名前が記されていて、一〇世紀以上にわたるチャム

ポー・クロン・ガライ遺跡。13 世紀末〜 14 世紀初頭、ポー・クロン・ガライ王を祀るためにつくられた（伊藤正子撮影）

人の存在を示している。だからこそ、ニントゥアンには一〇〇以上の文化歴史事蹟が今も残されているのだ。そのうち主要な三か所の寺院、ポー・ロメ寺、ポー・クロン・ガライ寺とホア・ライ寺以外にも、チャム人には一〇〇か所にものぼる文化や宗教の事蹟が残されていて、今も信仰や崇敬の対象になっている。

ニントゥアンは土地がやせていて、ベトナム中でもっとも雨が少なく、他の地域に比べて「生活しにくい」場所だ。それでも、ここの民族共同体はこれまで決してどこかへ移住しようとは考えなかったし、今後も永久に留まるだろう。数々の天災（干ばつ、疫病等々）に見舞われ、たとえ一時的に避難しても、必ず自分らの土地と聖なる寺院が残るこの土地へ戻ってきた。「間抜けで、頑固」、そしてプライドが高い。しかし同時に、知識欲が旺盛で、非常に善良な人々の共同体でもある。一九七五年四月には、社会史上の変動によって局所的な抵抗がいくつかあった後、チャム人共同体は決してキン人との民族的な衝突を起こさなかったし、ましてや「国がほしい」とか

「国を回復しよう」という意図を示すこともまったくなかった。

このように平和で善良な民のところに、突然、二〇〇九年一一月二五日付「VNエクスプレス」紙のインターネットサイトを通じて「ベトナム国会はニントゥアン原発計画を議決した」というニュースが流れた。

チャム人社会全体が呆然とした。その一五か月後に日本からフクシマ原発事故のニュースが飛び込んできたときには、さらに絶句した。そしてチャム人の魂が真っ黒な煙に包まれてしまったように感じた。

**チャム人の反応**

チャム人はしっかり反応した。

二〇一二年三月一五日、私はインラサラ・コムのサイト上で「ニントゥアン原発計画に関するチャム人読者との対話」の主宰を試みた。第一期の討論会はテーマを「チャム人は原発計画をどう考えるか?」とした。そして第二期は「チャムの知識人は原発計画をどう考えるか?」とした。

「ニントゥアンのチャム人は二〇〇〇年以上にわたりこの土地に居住している。ベトナム全国のチャム人口の半数がここに住む。さらに、ここには一〇〇以上の宗教施設があり、現在も信仰の対象となっている。三〇キロメートル圏内に三か所もの寺院が含まれ、原発事故が起これば立ち入り禁止区域になる。誰も立ち入れなくなったら、寺院は荒れ果てるだろう。そしてクッもコル（訳注：クッはバラモン教を、コルはバニ教をそれぞれ信奉するチャムの墓）も荒れ果てるだろう。……強調すべきことは、チャム人共同体は毎朝目覚めるたびに稼働中の原発を目にし、危なっかしい将来を心配することになる。どうやって毎日を安心して楽しく過ごすことができようか」

その後、チャム人作家や知識人、学生らの文章一〇篇以上が集まった。たとえば、チャー・ヴィジャヤ、ドン・チュオン・トゥー、チャイ・マラー、パライ・クロン、チャイ・ダリム、パカ・ジャチャンといった面々の文章だ。それら以外にも一〇〇にものぼる意見の投稿があり、共同体の心配や怒りを表明していた。

「……何よりもまず民意をはかることが必要だ。しかし、どのようにすれば世論調査の結果が信用できるものとなるか。第一に、関係機関が我が同胞に対して十分な情報を提供しないといけない。第二に、民主主義の意識と責任ある公民の自己決定の権利について、仲間たちにはっきりと知らしめなければならない。最後に、チャム人をはじめとするニントゥアンの住民らが、まったく何の心配もなく自身の政治的意見を表明できるような開放的な雰囲気をつくりだす必要がある」

このようなわけで、二〇一二年五月一四日にグエン・テー・フン、グエン・スアン・ジエン、グエン・フンの三名の知識人による原発計画への抗議書がボーキサイト・ベトナムのサイトに掲載されたとき、チャム人はしばらく呆気にとられてためらった後、より冷静になって抗議に参加した。彼らは恐れることなく、この抗議書に署名したのだ。ルーヴァンは、インラサラ・コムのサイトに次のように書いている。

「二〇一二年五月一四日から六月四日までの二〇日間で、原発への抗議書への署名の呼びかけがいろいろな場所に送付された。抗議書に署名した六二一名のうちで、ニントゥアン省在住のチャム人共同体からは、合計六万九〇〇〇人のうちの六八名が署名した。しかしニントゥアン省のキン人は、五七万四〇〇〇人のうちのたった六名しか署名していない」

　このチャム人読者が述べているのは、チャムの人々は全員が兄弟のように結束し、その憂慮をどんどん伝え広げているのに対し、ニントゥアンのキン人の同胞たちは、まるでそこにいないか、あるいは起こりつつある事態や今後起こり得る事態に関して、まったく関知しないかのように見えるということだ。チャム人は怖くないのだろうか。たしかに彼らも怖いはずだ。ではどうして勇気をもって署名したのか。キン人は怖いのだろうか。そう、キン人だって怖いはずだ。だのになぜ……?

　キン人にはこんな成句がある。「骨を埋めてへその緒を切る」、すなわち父親の故郷だけが祖先の土地だという意味だ。チャム人は少し違っていて、こう言う。「骨を埋めてレンガを積む」。骨を埋めるのは血縁だけに関することだが、「レンガを積む」のは「寺院を建立する」ことであり、心霊の宿りのための礎を築くという意味になる。

　ビモン（寺院）はチャム民族の心霊の表象である。チャム人の共同体があるところではどこでも必ず、寺院がある。寺院はチャム人が死者を供養し、祭りを行うためのものだ。であるから、ポー・クロン・ガライとポー・ロメの二つの寺院がある土地が、ニントゥアンのチャムの心霊の宿りにとって、議論の余地なくもっとも尊い位置を占める。ビモンの後には、ダノー（祠）が続く。これは英雄や烈女、村の守護神等を祀ったものだ。そしてそれに続くのが、コルでありクッであり……。

　二〇一四年、ニンフオック県フオックジ

ン社ヴィンチュオン村に、ニントゥアン第一原発の建設が着工の予定だが、ここは、もし事故が起これば地域のチャムの村々ほとんどすべてに放射能が降るような位置にある。そして、地域のチャム人住民の生活に深刻で全面的な打撃を与えるだろう。想像してみてほしい、ある日原発事故が起こり、チャム人全員が避難するさまを。千年の土地が、寺院と何百もの祠と、そしてその他のクッ、コルとともに放棄されるさまを！　何度天災や疫病に遭おうと、艱難辛苦に耐えて守ってきた土地であるのに。そしてとんでもなく頑固で意固地でプライドが高いパンドゥランガのチャム人の誰一人として、そのようなことが自分たちに起こることが想像できないのだ、彼らが毎朝、目を開けて陽の光を見ることができるうちは。

### チャム人の希望

チャム人は反応し、希望する……。

二〇一〇年に私は、チャクリン村にインラハニ・チャム文化陳列館を建てた。これは「チャム人が土地に愛着をもって残るようにするための、大変に簡素な一つの手段」だといえる。さらに私は、二〇一二年四月に、小説『チェルノフニット』を完成させた。二〇一二年六月四日付の「体育と文化」紙は、次のような記事を載せている。

「インラサラはこのたび、原発小説を完成させた。非常に覚えにくい題名のチェルノフニットというこの小説は、チェルノブイリ+フクシマ+ニントゥアンを合わせて縮めた単語だ。彼は研究者であり詩人であり、チャムの文化と文明に心血を注いできた。この小説は、ニントゥアン省に原発計画がいまにも進められようとしているタイミングで、書き始めたという」

そして最後には、二〇一三年八月二三日、一方的な宣伝が効果をあげて、一人のチャム人、バオ・ヴァン・チョー氏が原発は絶対に安全だと主張した。そうしてもう一人、キン人のゴー・カック・カン氏——タイアン村の原発計画（訳注：タイアンは日本の第二原発立地の村）の地元で高齢者協会長を務める——が、日本の原発視察旅行から帰った後、親族に語った。爆発するのは「原子力」なのだから、核発電所は安全だ（訳注：ベトナム語で「原発」は「核発電所」と呼ぶのが一般的）。それを聞いて、チャム人は完全に原発への信頼をなくしたのだった。

その後、二〇一四年一月

《地図1》原発建設予定地とチャム人の居住地

一六日、「トゥオイチェー」紙に、グエン・タン・ズン首相が「原発の着工を二〇二〇年まで延期する」と発表したというホットニュースが載って、チャム人はやっと安堵のため息をついた。まるで、四年間頭の上に載せていた砂利を山盛りにした籠をやっと降ろしたかのようだ。安堵のため息をついたのは、「延期」というのが七年にわたり、さらに一〇年になり、さらにまた研究者たちが原発に代わるクリーンエネルギー

| 属する社と県 | 原発からの距離 (km) | 人口（人） | 世帯数 |
|---|---|---|---|
| ニンフオック県フオックハイ社 | 6 | 4,600 | 800 |
| アンハイ社 | 8 | 2,100 | 328 |
| フオックナム社 | 7 | 2,257 | 312 |
| フオックナム社 | 10 | 7,200 | 1,424 |
| フオックナム社 | 13 | 1,577 | 360 |
| フオックニン社 | 17 | 2,270 | |
| フオックニン社 | 18 | 3,100 | |
| フオックザン町 | 11 | 2,150 | |
| フオックザン町 | 11 | 3,606 | 664 |
| フオックザン町 | 12 | 2,700 | |
| フオックフー社 | 16 | 6,800 | |
| フオックフー社 | 17 | 1,400 | |
| フオックフー社 | 16 | 1,350 | |
| フオックフー社 | 17 | 2,300 | |
| フオックタイ社 | 20 | 1,780 | 333 |
| フオックタイ社 | 21 | 1,480 | 282 |
| フオックタイ社 | 24 | 2,102 | 333 |
| フオックタイ社 | 24 | 2,002 | 325 |
| フオックハウ社 | 22 | 2,250 | 500 |
| フオックハウ社 | 20 | 3,200 | 600 |
| フオックハウ社 | 19 | 2,400 | 520 |
| フオックトゥアン社 | 22 | 2,000 | |
| ファンラン・タップチャム市 | 21 | 1,900 | |
| ニンハイ県スアンハイ社 | 26 | 2,100 | |
| ニンハイ県スアンハイ社 | 28 | 4,200 | |
| フオンハイ社 | 30 | 2,200 | |
| ニンソン県 | 30 | 1,800 | 450 |

（筆者作成）

《表1》ニントゥアン省のチャム人人口

| | 村名（キン語） | 村名（キン語発音） | 村名（チャム語） | 属する社と県（キン語） |
|---|---|---|---|---|
| ① | Thành Tín | タインティン | Cwah Patih | xã Phước Hải, huyện Ninh Phước |
| ② | Tuấn Tú | トゥアントゥー | Katuh | xã An Hải |
| ③ | Nghĩa Lập | ギアラップ | Ia Li-u & Ia Binguk | xã Phước Nam |
| ④ | Văn Lâm | ヴァンラム | Ram | xã Phước Nam |
| ⑤ | Nho Lâm | ニョーラム | Ram Kia | xã Phước Nam |
| ⑥ | Hiếu Thiện | ヒュウティエン | Palau | xã Phước Ninh |
| ⑦ | Vụ Bổn | ヴーボン | Pabhan | xã Phước Ninh |
| ⑧ | Chung Mỹ | チュンミー | Bal Caung | thị trấn Phước Dân |
| ⑨ | Mỹ Nghiệp | ミーギエップ | Caklaing | thị trấn Phước Dân |
| ⑩ | Bàu Trúc | バウチュック | Hamu Crauk | thị trấn Phước Dân |
| ⑪ | Hữu Đức | フードゥック | Hamu Tanran | xã Phước Hữu |
| ⑫ | Tân Đức | タンドゥック | Hamu Tanran Biruw | xã Phước Hữu |
| ⑬ | Thành Đức | タインドゥック | Bblang Kathaih | xã Phước Hữu |
| ⑭ | Hậu Sanh | ハウサイン | Thon | xã Phước Hữu |
| ⑮ | Như Bình | ニュービン | Padra | xã Phước Thái |
| ⑯ | Như Ngọc | ニューゴック | Cakhauk | xã Phước Thái |
| ⑰ | Hoài Trung | ホアイチュン | Bauh Bini | xã Phước Thái |
| ⑱ | Hoài Ni | ホアイニー | Bauh Bini Biruw | xã Phước Thái |
| ⑲ | Chất Thường | チャットトゥオン | Bauh Dana, | xã Phước Hậu |
| ⑳ | Hiếu Lễ | ヒュウレー | Cauk | xã Phước Hậu |
| ㉑ | Phước Đồng | フオックドン | Bblang Kacak | xã Phước Hậu |
| ㉒ | Phú Nhuận | フーニュアン | Bauh Dơng | xã Phước Thuận |
| ㉓ | Thành Ý | タインイー | Tabơng | TP Phan Rang-Thap Cham |
| ㉔ | An Nhơn | アンニョン | Pabblap | xã Xuân Hải, huyện Ninh Hải |
| ㉕ | Phước Nhơn | フオックニョン | Pabblap Biruw | xã Xuân Hải, huyện Ninh Hải |
| ㉖ | Bính Nghĩa | ビンギア | Bal Riya | xã Phương Hải |
| ㉗ | Lương Tri | ルオンチー | Cang | huyện Ninh Sơn |

訳注：村の位置を 81 頁の地図に①〜㉗の番号で示した

を発見するまで延期されることを希望しているからだ。そしてもしまだ「（安全性の確保を）達成できなければ、（原子力発電を）行うことはない」（首相発言の原文）ということを。さらに、信心深いチャム民族の子どもたちが自分たちの土地から、もはや昔のように追い出されることがないようにと心底より願っている。彼らが再び悲惨な運命に見舞われぬようにと。

（二〇一四年三月七日　サイゴンにて）

《注》

現在、ニントゥアン在住のチャム人は二七の村に集中して暮らしている。そのうち二二の村はニンフオック県、三つの村はニンハイ県、一つがニンソン県、そして一つがファンラン・タップチャム市に属している（訳注：村別のチャム人口と原発からの距離については、表1を参照のこと）。

第3章

# ベトナムのエネルギー政策と原子力法

## ――急増する電力需要への対応

遠藤　聡

日本では、二〇一一年三月に発生した東日本大震災以降、当初は、国内の原子力発電政策の見直しが行われた。一方で、二〇一二年一月に、日本・ベトナム原子力協定（「原子力の開発及び平和的利用における協力のための日本国政府とベトナム社会主義共和国政府との間の協定」）が発効したことから、両国間の原子力の平和利用に関する協力、換言すれば、日本からベトナムへの原子力関連品目や原子力関連技術の移転、すなわち「原発輸出」を行うことが可能となった。ベトナムでは、日本以外にも諸外国との間で原子力発電開発協力を推進している。福島原発事故の諸問題に対する検証がなされぬ時期に日本からベトナムへの「原発輸出」が決定され、さらには日本国内の「安全神話」の検証がなされぬまま原発再稼働への動きが加速化されているようにも見える。

ベトナムでは経済成長にともなうエネルギー問題で、これまでの火力発電や水力発電を中核とした電力供給に加え、二〇二〇年までに原子力発電を導入することを検討している。原子力発電推進政策の法的基盤となるものとして、二〇〇八年六月、原子力法が成立し、二〇〇九年一月、施行された。二〇一一年七月には、首相決定として第七次国家電力開発計画（第七次マスタープラン）が承認され、複合的なエネルギー政策が推進されることになった。本章では、ベトナムのエネルギー政策における原子力発電計画の位置づけについて、続いて原子力法の概要について紹介する。

## ベトナムのエネルギー事情

ベトナムのエネルギー政策の主な管轄機関は商工省と科学技術省である。一九八六年一二月のドイモイ政策の開始間もない一九八七年に原油の輸出が開始されたが、二〇〇九年に中部ズンクァット製油所が稼働するまでは、原油を輸出して石油を輸入するという火力発電における海外依存の状況が続いた。ベトナムでは、順調な経済成長、都市化、人口増などで電力需要量の急激な増加が予測されており、その供給をいかに実現するかが現実的な課題となっている。新たなダム建設を必要とする水力発電所増設の困難さ、世界市場での化石燃料価格の上昇の可能性や価格の不安定性等から、その代替エネルギー源として、技術開発が必要であり高コストが予測される太陽光、太陽熱、風力、バイオマス等の再生可能エネルギーよりも、外国との開発協力を基本とする原子力発電に重点を移そうとしていると見られる。

一九七六年には、科学技術省傘下にベトナム原子力委員会（ＶＡＥＣ）が設置され、独立機関としてベトナム原子力エネルギー研究所（ＶＡＥＩ）が設置されたが、原子力発電計画が本格化したのは、一九九〇年代半ばからであった。一九九四年に同省傘下にベトナム放射線保護原子力安全機関が設置され、二〇〇八年に現在のベトナム放射線原子力安全機関（ＶＡＲＡＮＳ）に改組された。一九九五年には同省傘下に国内の電力事業を扱うベトナム電力公社（ＥＶＮ）が設立

《表1》ベトナムの電力需要予測

| | 電力需要（GWh） | 水力 | 火力 | | 輸入電力 | 再生可能エネルギー | 原子力 |
|---|---|---|---|---|---|---|---|
| | | | 石炭 | 石油・天然ガス | | | |
| 2010 | 16.5 | 34.8 | 18.5 | 36.3 | 4.7 | 3.2 | |
| 2015 | 30.8 | 32.6 | 35.5 | 25.4 | 2.5 | 3.9 | |
| 2020 | 52.0 | 26.4 | 45.9 | 18.7 | 2.7 | 4.7 | 1.5 |
| 2025 | 77.0 | 21.1 | 46.3 | 17.9 | 3.6 | 5.0 | 6.2 |
| 2030 | 110.2 | 16.4 | 55.7 | 12.6 | 3.8 | 3.6 | 7.8 |

出典：*Vietnam's Nuclear Power Development Plan: Challenges and Preparation Work for the First Nuclear Power Projects*, Vietnam Atomic Energy Agency (VAEA), Ministry of Science and Technology, 2011.10, P.8-9.
注　：各電力の数値単位は％

された。現在、二〇二七年ごろまでに原子力発電を導入することを検討し、ロシア、韓国、フランス、インド等との間で原子力開発協力を進めている。具体的には、南部ニントゥアン省を中心に、一四基の原子力発電所の稼働を目指している。

ベトナム科学技術省の「原子力開発計画」によると、二〇一一年時点での電力需要予測量およびそのエネルギー源比率予測は表1のとおりである。電力需要量については、二〇一〇年から二〇二〇年までに約三倍、二〇三〇年までには約六・五倍に増加すると予測されているとともに、エネルギーの供給を現在の水力・火力（石油・天然ガス）を中心とする発電から脱して原子力発電の比率を高めることが前提となっている。また、二〇五〇年までに原子力発電の割合が二〇～二五％となるとする予測もある（"Nuclear Power in Vietnam," World Nuclear Association, 2012.8.）。ただし、GDP平均成長率を、二〇一一～一五年に七・五％、二〇一六～二〇年に八・〇％、二〇二一～三〇年に七・八％とし、人口を二〇一〇年の八八〇〇万人をベースに、二〇一五年に九一〇〇万人、二〇二〇年に九六〇〇万人、二〇三〇年に一億二〇〇万人と予測した数値である。

## 原子力導入を前提とした第七次国家電力開発計画

二〇一一年三月一一日、ベトナム商工省は「第七次国家電力開発計画」を提出し、同年七月、首相決定第一二〇八号「二〇三〇年までの国家電力計画——二〇一一～二〇年の国家電力開発計画における批准の決定」を公布した。

同計画は二〇一一～二〇年の計画が主であることもあり、原子力エネルギー利用についての突出した記述はないが、二〇三〇年までの長期計画においては、安定した電力供給のためには原子力エネルギーの利用推進を包摂するものととらえられよう。また、現在の開発政策は、主に北部および南部の都市部に集中しているが、地域による経済格差を減少させるため、中部地方や農村・山岳地域・離島における開発促進に配慮している。

同計画ではさらに、開発方針として、電力開発と国家の社会経済発展戦略との一致、国内エネルギーの効率的な利用、電力および燃料の合理的な輸入、エネルギー源の多様化、環境保護ならびに将来のためのエネルギー量を確保することなどが示されている。注目すべきは、再生可能エネルギー開発や電力輸入の必要性のほか、送電線網の整備や農村・山岳地域・離島への安定した電力供給を確保するために国全体の電力供給量を増大させる必要があり、そのために電力プロジェクトへの外国投資の誘致を強化すること、原子力発電における人材の育成が急務であることを強調している。

さらに、電力供給の確保のため、石油、天然ガス、国内炭、原子力エネルギーおよび再生可能エネルギー等を複合的に開発していくこと、とりわけ当面は国内炭の開発に重点を置くこと、ならびに原子力エネルギー利用への参入は大規模な資本投資や個人の管理能力が必要とされることを指摘している。経済、開発、貧困撲滅の選択とそのバランスにおける費用と利益の関連性を見据えた燃料混合政策や多様化戦略の進展を訴えつつ、また、代替エネルギーや再生可能エネルギー計画の重要性も指摘しつつ、原子力エネルギーの導入を前提としているものと考えられる。

## 原子力法の概要

原子力法は一一章九三条からなり、原子力使用時の安全および安全性の確保、原子力分野の監督・管轄機関の明確化、放射性物質を含む個体の輸出入の規制、原子力応用の相互支援業務の基準ならびに放射線事故および原子力事故発生の際の賠償等を法的に明確にするものである。批准済みの国際条約の国内法化という側面とともに、未加盟となっている国際条約等への加盟を促進させるという側面、諸外国との核開発協力に向けた喧伝という側面を併せもつものと考えられよう。同法の施行により、一九九六年放射線安全および検査法令（国会常務委員会で制定）は破棄された。

### ①原子力の開発

原子力分野における国の政策として、経済社会開発事業のため原子力分野における活動に投資する国内の組織および個人、外国に定住するベトナム人（在外ベトナム人、越僑ともいう）、外国の組織および個人ならびに国際機関に対して、国が投資を行うとともにその活動を奨励している。原子力発電開発事業においては、原子力発電の開発、物質的および技術的基盤の強化、人的資源の育成、科学的研究ならびに工業開発に投資を集中させる。国の管理責任については、科学技術省を中心とした諸省庁および中央機関ならびに地方の人民委員会（地方行政機関に相当するが、ベトナムでは地方分権制度が確立されていないため、実際には中央政府の出先機関である）を監督しつつ、中央政府が原子力分野における統一的な管理を行う。

### ②原子力規制機関の設立

科学技術省傘下に放射線原子力安全機関が設置され、次に掲げる任務および権限が付与された。①放射線の安全および原子力の安全に関する法規規範文書（国会や政府等が制定する法令の総称をいう）草案を起草する。②原子力施設等の届け出および放射線作業に関する免許発行を組織化する。③放射線の安全および原子力の安全に関する評価および評価を組織化する。④放射線の安全および原子力の安全ならびに放射線作業の一時停止に関する違反に対する調査、検査および処理を行い、研究用原子炉および原子力発電プラントの運行一時停止について管轄権を有する国家機関に対して提案をする。⑤原子力監査活動実施を組織化する。⑥放射線事故または原子力事故の対処へ参加する。⑦国家情報系統の構築および更新を行う。⑧放射線の安全および原子力の安全に関する専門的で職業的な育成、養成および指導を組織化し、組織化を連携する。⑨放射線の安全および原子力の安全に関する国際協力活動実施を組織化する。

### 3 原子力の安全性

放射線作業の安全については、まず、放射線作業を実施する組織および個人に対し、次に掲げる内容を含めた安全評価に関する報告書の作成が義務づけられた。①作業の準備、展開および終了に至る放射線作業実施の手続き。②個々人の被ばく放射線量の測定および作業所の検査。③日誌記録に関する規定。④放射線作業実施に関する内規。⑤発生する可能性のある事故の予測および対処方法。⑥放射線作業を実施する個人の責任の分担。⑦安全面の監視および担当ならびに一般的な取り扱いのための責任の分担。また、毎年定期的にまたは放射線原子力安全機関から要請があったとき、放射線作業を実施する組織および個人は、放射線作業における安全の現状に関する報告書を作成し、放射線原子力安全機関に対して送付しなければならない。

放射線源、核物質および原子力施設を所有する組織および個人は、次に掲げる安全性を確保する措置をとらなければならない。①同施設等への接近を監視する。②同施設等への任務がない個人の接近を許可しない。③同施設等の監視に関する免許の規定を遂行する。④放射線源および核物質の輸送の記録を作成する。⑤同施設等の安全性を保障するため定期的な点検および集計を実施する。また、中間レベル以上の危険性のある放射線源、核物質または原子力施設を管理する組織および個人は、次のことを行わなければならない。①安全性確保計画を策定する。②同施設等への許可されていない接近を発見し防ぐ。③不法な占有、輸送または使用されている同施設等を回復するために必要な方策を適用する。④同施設等への破壊行為を防ぎ、放射線原子力安全機関の指針に従い、毎月、毎週または毎日の点検および集計に関する計画を策定する。

### 4 放射性廃棄物、使用済み放射線源および使用済み核燃料の処理および保管

放射性廃棄物を所有する組織および個人は、発生源でただちに発生地放射性廃棄物を最小限にする方策を実施し、収集および処理の過程において常に通常の廃棄物から放射性廃棄物を分類しなければならない。また、放射性廃棄物を扱う組織および個人は、次に掲げることをしなければならない。①使用済み核燃料の処理および保管に関する方策の策定。②放射線作業の実施から発生する放射性廃棄物、使用済み放射線源および使用済み核燃料の公表。③放射性廃棄物保管事業実施のための免許の申請。④管轄する国の機関に対する埋設状況の報告、および放射線安全機関

に対する放射性廃棄物の埋設場所の地図の送付。放射性廃棄物、使用済み核燃料の分類および処理、国の放射性廃棄物保管庫の建設場所の選択ならびに放射性廃棄物の埋設場所の選択は、国の技術規定に従い実施される。

放射線に直接に接して作業を行う放射線作業員は、専門的で職業的な訓練を受けており、安全に関する法律の規定を十分に理解しており、かつ次に掲げる責任を有する者である。①法律の規定を遂行し、原子力分野における国の技術基準および安全についての指針を遵守する。②安全担当者の指導に従い定期的な健康診断を受け、放射線事故または原子力事故の修復に参加している場合を除き、安全の確保が十分でないときは作業を拒否する。③安全および安全性に関する異常な現象を安全担当者にただちに報告する。④安全担当者の指導に従い、放射線事故または原子力事故の修復における方策を実施する。

### 5 放射性物質および原子力施設の輸送、輸入および輸出

放射性物質および原子力施設の輸送を行う組織および個人は、管轄権を有する国家機関から免許を受ける必要がある。輸送される放射性物質は、輸送中の安全を確保するために、国の技術基準に従って梱包されなければならず、その放射性梱包は、放射性物質の危険基準を安全基準に合致させるために製造されたものでなければならない。放射性物質の輸送時、組織および個人は、次に掲げる要件を満たす事故対応計画を策定しなければならない。①事故発生に対する部門およ

び個人の任務における具体的な規定。②管轄権を有する機関に対する緊急時の通報。③事故対応に必要な方策および技術的手段の適用。④事故発生地の周囲の住民への警報の発令。⑤隔離地域の指定および放射線汚染の除去。⑥犠牲者に対する応急処置。ベトナム領域内での放射性物質の輸送、原子力の海洋船舶およびその他の輸送手段の活動には、政府首相の許可および管轄権を有する国の管理機関の監視を受けなければならない。

放射性物質および原子力施設の輸入および輸出の場合にも、管轄権を有する国の管理機関から発行される免許が必要であり、輸送時と同様な梱包をしなくてはならない。これらに違反した組織および個人は、輸入の場合には、通関、輸入物品の再輸出または押収の前に、輸出の場合には、通関の前に、それぞれ管轄権を有する国の管理機関によって改善命令が出される。政府は、国境における放射性物質および原子力施設の輸入および輸出を監視するため、税関機関、放射線原子力安全機関および関連する機関の間の協力について具体的に定める。

### 6 原子力応用の相互支援業務

原子力応用の相互支援業務には、次に掲げる活動がある。①原子力分野における専門的および技術的な諮問。②放射線技術および核技術の評価、査定および監査。③放射線作業員の育成、養成および訓練。④放射線施設および原子力施設の設置、管理および修理。⑤個人に対する照射の測定および放射活動の評価。⑥放射線測定施設、放射線施設および原子力施設の検査および調業務活動。

整。⑦放射能除染。⑧原子炉の燃料の交換および調整。⑨放射線源の設置。⑩その他の相互支援

原子力応用の相互支援業務活動を実施する組織は、法律の規定に従い設立され活動している組織であり、同業務に従事する証明書の所有者を二名以上有していなければならず、登記内容に従った物質的および技術的基盤を有していなければならない。業務証明書を発行される個人は、市民としての行為能力を十分に有し、専門的水準および適合する業務経験を有し、かつ訓練施設で原子力応用の相互支援業務活動の訓練課程を受けていなければならない。

## 7 放射線事故または原子力事故への対応

放射線事故とは、放射線の安全が失われた状態または放射能源の安全性が失われた状態のことをいい、原子力事故とは、原子力の安全が失われた状態または核物質もしくは原子力核施設の安全性が失われた状態のことをいい、その状態によって次の五つに分類される。

①まだ放射能漏れがないまたは人間に対する危険がない場合でも、機器の異常操作または人間によって起された重大ではない事故の状況

②広範囲に拡散していない、かつまだ人間に対する危険がない場合でも、放射能漏れの結果として生じる破損した施設または人間によって起された重大性が少ない事故の状況

③放射線作業を実施している施設内部で、広範囲に拡散する、かつ人間に対して影響を及ぼす放射能漏れの結果として生じる大きく破損した施設または人間によって起された重大な事故の状況

④放射線作業を実施している施設の外部で、一つの省（筆者注：地方行政単位、日本の県に相当）または中央直轄市（筆者注：地方行政単位の上位レベルは、省および中央直轄市からなる）に影響を及ぼす範囲において、広範囲に拡散する、かつ人間および環境に対して影響を及ぼす放射能漏れの結果として生じる大きく破損した施設または人間によって起された大変重大な事故の状況

⑤広範囲にわたる施設の外部で、二つの省および中央直轄市以上または国境の外側に影響を及ぼす範囲から、他国において発生した事故を含めベトナム内の一つまたはいくつかの地方にまで影響を及ぼす範囲において、非常に広範囲に拡散する、かつ人間および環境に対して影響を及ぼす放射能漏れの結果として生じる大きく破損した施設または人間によって起こされた特別に重大な事故の状況

これらの事故レベルに応じて、組織および個人、人民委員会、科学技術省、国家捜索救援委員会、国防省、公安省、外務省ならびに医療省等が適切な活動を行う。

## 8 放射線事故および原子力事故による損害の補償

人間、財産および環境に対する放射線事故による損害の補償責任は、民法の規定に従い定められる。人間、財産および環境に対する原子力事故による損害の補償責任は、国の技術基準に従い策定された安全限度を超える戦争、テロリズムまたは自然災害による事故である場合を除き、核物質または原子力施設の所有者である組織および個人または所有者から保管もしくは使用の権利を委譲されている組織および個人がその責任を負う。

放射線事故による損害の補償限度は民法の規定に従い定められ、原子力事故による損害の補償限度は当事者間の同意に基づくが、同意が得られない場合は次の規定に従う。①人間に対する損害は民法の規定に従い確定する。②環境に対する損害は環境保護法の規定に従い確定する。③原子力発電プラント内で発生した原子力事故に対する損害の総補償限度は一億五〇〇〇万SDR〈特別引出権＝加盟国の準備資産を補完するための国際通貨基金〈IMF〉の国際準備資産〉を超えてはならず、他の施設内で発生した事故および核物質の輸送中に発生した事故に対する損害の総補償限度は一〇〇〇万SDRを超えてはならない。

事故による損害の補償を請求するための訴訟を起こす制限の基準は、放射能事故の場合は民法の下で決定され、原子力事故の場合は、財産および環境に対する損害は事故発生後一〇年内とし、人間に対する損害は事故発生後三〇年内となる。放射線作業を行う組織および個人は、労働保険、民事責任保険に加入することができ、環境に損害を与える可能性のある放射線作業では、環境損害責任保険への加入が要求される。原子力事故救済のための援助基金は、原子力施設への寄付、国内の組織および個人への資金的援助、外国の組織および個人ならびに国際組織への資金的援助等があり、首相がこの基金について特定しなければならない。

## 今後の課題

日本・ベトナム原子力協定の効力発生のための通告では、原子力の平和的利用分野における協力を実現するうえで必要となる法的枠組みとして以下の諸点を定めるものとしている。①核物質等の平和目的に限った利用。②核物質への国際原子力機関（IAEA）による保障措置の適用。③原子力安全関連条約に基づく措置の実施。④核物質を適切に防護する措置の適用。⑤核物質等の管轄外（第三国）への移転の規制。⑥この協定の適用を受ける核物質のベトナムにおける濃縮・再処理の禁止。同協定の締結により、日本とベトナムとの間で移転される核物質、原子力関連資機材および技術の不拡散・平和的利用を法的に確保することが可能となる。これまで述べてきたベトナムの原子力法の制定は、こうした基準を満たすと判断されたということなのであろう。

しかし、原子力関係の国際条約への加盟状況を見てみれば、ベトナムは、核不拡散条約（NPT）には一九八二年に加盟、包括的核実験禁止条約（CTBT）には二〇〇六年に加盟はしており、原子力事故早期通報条約、原子力事故または放射線緊急事態の場合における援助に関する条約には一九八七年に加盟しているものの、原子力安全条約、原子力損害賠償諸条約（ウィーン条約等）、使用済燃料安全管理及び放射性廃棄物管理の安全に関する条約、核物質保護条約等には未加盟である。また、原子力発電推進の隠れた理由として、南シナ海の領有権問題の不透明性があげられる。中国の実効支配が進むなかで、エネルギー安全保障として、石油・天然ガスの採掘権が保障される可能性が不確実であるからである。

原子力法の制定により、ベトナムにおける原子力発電推進のための法的基盤は仮にも整った。原子力発電プラントの建設は外国企業によるものとしても、現地で原子力発電の運営を行う人材の育成、原子力事故に際した補償のさらなる明確性等、今後危惧される問題が生じてくる可能性も否定できない。さらに、共産党一党制のベトナムにおいては、原子力発電所建設にともなう環境破壊、放射性廃棄物の処理問題、放射能汚染の可能性に関して、地域住民に対する情報公開の不足が懸念されもしよう。原子力発電を推進するベトナムにおいて、同法の規定がどのように履行されるのかについて、それにも増して原子力発電事業の諸段階・諸問題に関して人的作業を含めた法遵守・制度遵守が行われるのか今後の課題は大きい。

《参考文献》

「原子力法」Luat Nang Luong Nguyen Tu, So 18/2008/QH12（http://vietlaw.gov.vn/LAWNET/docView.do?docid=22

444&type=html&searchType=fulltextsearch&searchText=）
「第七次国家電力開発計画（第七次マスタープラン）」So 1208/QD-TTg Ngay 22/7/2011 cua Thu Tuong Chinh Phu, Quyet Dinh Phe Duyet Quy Hoach Trien Dien Luc Quoc Gia Gia Doan 2011-2020 Co Xet den Nam 2030（http://www.vnrubbergroup.com/media/vanban/1208-QD-TTG.PDF）
「原子力の開発及び平和的利用における協力のための日本国政府とベトナム社会主義共和国政府との間の協定」（二〇一一年一月二〇日）（http://www.mofa.go.jp/mofaj/gaiko/treaty/shomei_70.html）（Agreement between the Government of Japan and the Government of the Socialist Republic of Vietnam for Cooperation in the Development and Peaceful Uses of Nuclear Energy）（http://www.mofa.go.jp/policy/treaty/submit/session177/pdfs/agree-8_1.pdf）
「日本・ベトナム原子力協定の効力発生のための通告」（二〇一一年一二月二二日）（http://www.mofa.go.jp/mofaj/press/release/23/12/1222_06.html）

第4章

# 大規模開発をめぐるガバナンスの諸問題

## ――ボーキサイト開発の事例から原発建設計画を問う

中野亜里

## ガバナンスは機能しているのか

国家計画経済から「社会主義志向市場経済」に転換したベトナム共産党指導部は、二〇二〇年までに「基本的な工業化」を達成するという目標を掲げている。それに沿って、資源・エネルギー開発の分野でも外国資本を導入した大型開発が進められている。しかし、本章で取り上げるボーキサイト開発問題が浮上するまでは、大規模な開発政策は共産党政府が密室で決定してきた。一般国民はもちろん、共産党系議員で構成される国会に対してさえも、十分な情報公開が行われていなかった。その一方で、大規模開発が自然環境や地域社会に及ぼす影響についても地域住民とのコミュニケーションが不足し、市民社会からの異議申し立てのシステムも確立していない。

現在、ベトナムで計画されている大型開発プロジェクトとしては、原子力発電所の建設、高速鉄道（新幹線）の建設、そして中南部高原におけるボーキサイト開発が代表的である。そのどれについても情報公開が十分ではなく、筆者のような外国人が現地で調査を行うことはもちろん、ベトナムの一般市民が知る権利を主張することも難しい。これら三大プロジェクトのうち新幹線計画については、二〇一〇年に国会で時期尚早としていったん否決された。しかし、国家的大規模プロジェクトが、広範な国民の合意を得ないまま党−国家指導部の決定で強引に進められる傾

《図1》ボーキサイト開発の拠点

向は変わらない。

現在、前述の三大プロジェクトのうち、もっとも進んでいるのが中南部高原におけるボーキサイト採掘・アルミナ精製プロジェクトである。この計画は、二〇〇一年にベトナム共産党のノン・ドゥック・マイン書記長（当時）が中国を訪問した際、中越両共産党指導部の間で合意され、両国の共同声明で初めて言及された。その後、ベトナム共産党政治局の内部で検討され、二〇〇七年にグエン・タン・ズン首相が開始を決定した。これを受けて、国有企業が中南部高原のラムドン省とダックノン省で事業を実施することが承認され、二〇〇八年には「国際的な公開入札」で中国のアルミニウム企業が事業権を落札した。

国家的な大規模開発であるにもかかわらず、ボーキサイト開発プロジェクトは国会の審議も通さず、法が規定する環境影響評価報告も公開されないまま進められ、中国企業が事業権を落札するまでの経緯も不透明だった。また、中南部高原地域の自然生態系への影響や、少数民族住民が多い同地域への社会・文化的な影響も明らかにされていない。

資源開発の現場でいったん事故が起これば、人間社会と自然環境に大きな損害を与える。ましてや原発事故であれば、ベトナムの国土だけにとどまらない深刻な被害をもたらす。そのような事態を未然に防ぐためのガバナンスが、ベトナムでは機能しているのだろうか。ガバナンスとはこの場合、国家機関や企業、現地住民、独立的な専門家、市民団体など、多様な利害関係者が対等な立場で政策決定と問題解決に参加することを意味している。持続的な発展を可能にするために、国家と社会がもつマネージメント能力ともいえるだろう。本章では、ベトナムですでに実施されているボーキサイト開発の現実を紹介し、技術や経済効果以前にガバナンスという視点から、原発建設にもつながる諸問題を提起したい。

## 密室で決定されたプロジェクト

ベトナム政府の報告によれば、同国全体のボーキサイトの確認埋蔵量は約五五億トン（世界第三位）で、うち五四億トン余りが中南部の高原地域に集中している。同地域の埋蔵量は、ダックノン省が約三四億トン、ラムドン省が約九億七五〇〇万トン、ザライ省とコントゥム省が約八億六〇〇万トン、ビンフオック省が約二億一七〇〇万トンとされている［中野・村尾 2011a, 2011b］。

前述のように、二〇〇一年一二月三日、ベトナム共産党のノン・ドゥック・マイン書記長が中国を訪問したとき、中越両国はダックノン省におけるボーキサイト開発協力に合意した。二〇

ダックノン省ニャンコーのボーキサイト採掘・アルミナ精製工場（筆者撮影）

ラムドン省タンライのボーキサイト採掘・アルミナ精製工場（筆者撮影）

〇七年一一月一日、「二〇〇七〜二〇一五年（二〇二五年まで延長可）段階のボーキサイトの探査・採掘・精製・使用計画の批准」と題する首相決定一六七号が出された。これに基づいて、国有企業であるベトナム石炭・鉱産物グループ（TKV＝ビナコミン）が、ラムドン省のタンライとダックノン省のニャンコーに、外国のアルミニウム企業が参加する株式会社を設立することが認可された。

二〇〇八年七月、「公開の国際的入札」で、中国のアルミ会社チャリエコがボーキサイトの採掘とアルミナ精製工場の事業権を落札し、八月にはタンライとニャンコーでそれぞれ建設工事が開始された［中野・村尾 2014］。一般国民がこのプロジェクトの存在を知るのは、工事が開始された後のことになる。

## 市民による抗議

戦乱や暴力革命が長く続いたベトナムでは、国会が採択した法よりも軍隊式のトップダウンの命令が有効なこともあり、人々は法に則った訴え以外に有力者への陳情・直訴に頼ることも多い。ボーキサイト開発に対する反対意見も、最初は社会的な威信のある革命功労者や著名人が、個人的な書簡を党−国家指導部に送るかたちで始まった。

日本でも有名なヴォー・グエン・ザップ大将（元国防相、二〇一三年死去）は、二〇〇九年初めから三度にわたりプロジェクトへの憂慮を示す公開書簡を送っている。その要旨は、このプロジェクトは自然環境、経済、文化、社会、治安、国防などの各方面、および国土の安定的・持続的発展に大きな影響を及ぼすものであるにもかかわらず、党─国家指導部には十分な検討と対策が欠如している、というものだった［中野 2012］。他にも、党・軍内で威信のある古参革命家から批判的な意見が出されている。

軍人に限らず、共産党体制の内側で社会的地位を高めた人物の場合、現役の間は言論を制限され、意見の表明も自己規制しなければならないが、近年では、定年退職後に党─国家に対する批判的な意見をインターネットなどで公表する人々は少なくない。また、ベトナム国内ではボーキサイト開発に関する情報にアクセスすることが難しいため、問題が発覚した当初は、各国在住のベトナム人有識者がインターネット上で次々と意見を表明した。

権威ある人々からの批判を受け、政府はボーキサイト開発が国民的合意を得た事業であることを示さなければならなかった。二〇〇九年一〇月三〇日、商工省は「中部高原ボーキサイト・プロジェクト実施指導委員会」の設置を決定した。その主な任務は、ＴＫＶの工程と作業内容をチェックし、法規を遵守させること、商工相への報告、そして問題への対策を提言することだった。委員会の構成は、商工省次官を委員長とし、同省重工業部の正副部長、交通運輸省の環境部長、資源・環境省の地質・鉱産物部長、その他中央各省の官僚、およびＴＫＶの代表というものだった［同前］。しかし、政府や事業主から独立的な立場の専門家や、地元住民の代表は最初から含まれず、市民が参加するガバナンスという考え方は存在しなかった［中野・村尾 2011b］。

一方、抗議の動きは著名な革命功労者から広範な市民へと拡大した。二〇〇九年三月三日には知識人一〇〇人以上が党‐国家指導部に書簡を送り、プロジェクトに対する民意を問うよう求めた。五日後には一〇〇〇人以上の知識人、一般市民がこの書簡への賛同の署名を寄せた。その後も賛同者は増え続け、一年あまりの間に、在外ベトナム人を含む三〇〇〇人近くが本名と職業、居住地を公開して署名した［中野 2012］。三〇〇〇人という数は決して多くはないが、言論・報道が制限されてきたベトナムでは画期的な出来事だった。

また、二〇〇九年四月には、文学者グエン・フエ・チー教授、教育学者ファム・トアンらを中心にウェブサイト「ボーキサイト・ベトナム」が開設され、市民からの意見や、公認のメディアが報道しない情報を掲載するようになった。このサイトはボーキサイト開発問題だけでなく、原発建設も含めた各分野のさまざまな情報と意見を発信するようになった。福島第一原発事故についても報道を続けている。

## 批判の論点

ボーキサイト開発に対する批判を要約すると次のようになる。

第一に、プロジェクトの決定過程が法の支配、情報公開といった民主主義の原則に反することである。ボーキサイト開発は国有企業による大規模プロジェクトだが、国会の審議を通さずに首相が開始を決定した。国会が二〇〇六年六月二九日に採択した第六六号決議は、国家的に重要なプロジェクトには国会の裁定が必要と定めている。しかし、政府はプロジェクトを細分化し、個々の計画を首相の権限で承認するというかたちをとり、第六六号決議の規定をすり抜けた。

実行可能性調査（F／S）の内容もすぐには公開されなかった。また、入札過程が不透明で、「公開の国際的入札」としながら中国のチャリエコ社があまりにも簡単に落札していることが疑問視された。

法との関連では、鉱産物法、環境保護法、労働法に違反するのではないかと指摘された。鉱産物法は、鉱産物を原料のかたちで輸出することを制限しているが、アルミニウムの原料であるアルミナの輸出はこの規定に反するのではないかという指摘である。

また、環境保護法は、大規模開発プロジェクトに対して「戦略的環境評価」を義務づけている。これは、持続的な発展を保障するために、プロジェクトの採択以前にそれが環境に及ぼす影響を分析、予測することである。戦略的環境評価の対象となるのは、「国家的な経済・社会発展戦略および企画・計画」「全国規模の分野・領域の発展戦略および企画・計画」とされている。ボーキサイト開発についても、計画の採択以前に戦略的環境評価が必要だという主張が出された。

第二に、開発対象地域への政治的・社会的影響に対する不安である。中南部高原地域は、ベトナム戦争期に北ベトナムの共産主義政府と敵対した南ベトナムの領域に属するうえ、民族・宗教問題がからんだ複雑な政治的背景をもっている。ダックノン省とラムドン省の人口は約一六二万人だが、多数民族であるキン人（狭義のベトナム人）だけでなく、エデ、ムノン、コーホー、ラグライ、タイー、ヌンなどの少数民族が居住している。少数民族にはキリスト教徒、とくにプロテスタントの信徒が多い。

ベトナム戦争時は、少数民族組織フルロ（被抑圧民族闘争統一戦線）が米軍の支援を受けて共産主義勢力と戦った。このような歴史的背景から、現在でも中南部高原の政治情勢は必ずしも安定しているとはいえない。二〇〇一年と二〇〇四年には大規模な少数民族の抗議行動が発生している。

ボーキサイト開発によって、タンライでは一六三九世帯が生活や職業に影響を受け、そのなかの七〇〇世帯（うち二三〇世帯が少数民族）が移住を強いられると予測された。ニャンコーでは八六一世帯が影響を受け、そのなかの八三世帯（うち一五世帯が少数民族）が移住を強いられると予測された。これらの住民の生活や伝統文化は護られるのか、社会的安定は保たれるのかという疑問が、とくに中南部高原の状況に詳しい有識者の間から示された。

第三に、開発が自然環境に悪影響を及ぼすことである。ボーキサイト採掘とアルミナ生産によって、一日に五万トンの廃棄物が発生すると見積もられている。それは主に廃水と、「赤泥」と呼ばれる不純物である。赤泥とは、粉砕したボーキサイトに水酸化ナトリウムを加えてアルミン酸ソーダをつくるときに出る不純物で、酸化鉄を含み赤い色をしていることからこう呼ばれる。赤泥は毒性のない酸化鉄が主成分で、後述のベトナム政府による国会報告でも「赤泥に放射性物質は含まれていない」とされている。しかし、企業・行政当局から地元住民に汚染の危険性について情報が伝えられていないため、住民が不安を抱いていると批判された。

二〇一〇年一〇月四日、ハンガリーのアルミニウム精製工場で赤泥を貯留する鉱滓ダムの堤防が決壊し、一〇〇万立方メートルもの廃液が周辺の街に流出する事故が発生した。この事故によって、ベトナムではボーキサイト開発の自然環境への影響、安全対策という面がいっそう注目されるようになった。

タンライの赤泥貯留池（筆者撮影）

一〇月一四日、開発に批判的なグエン・チョン・ヴィン将軍や、「ボーキサイト・ベトナム」の開設者グエン・フエ・チー教授、そして中南部高原の少数民族社会に詳しい作家グエン・ゴックらが中心となり、党政治局、国会、政府に向けて声明を発表した。その内容は、ボーキサイト開発計画全体の停止と、独立的な専門家グループによる計画の再検討、その結果の公開と国民からの意見聴取を求めるものであった。声明に賛同する署名も集まり、その数は一一月半ばには二八二一名に達した［中野 2012］。一般のベトナム人にとっては、党−国家の方針に公然と反対意見を述べれば、自分や家族が地域社会や職場で圧力を受ける可能性があり、署名にはかなりの勇気が必要である。それでも三〇〇〇名近い人々が声明に賛同したことで、大型開発のあり方に疑問をもち、健全なガバナンスを求める市民がいたことがわかる。

ハンガリーの事故後、商工省はTKVに廃液貯留池の設計全体を見直し、安全対策を示すよう指導したが、プロジェクト自体の停止や再検討を求める意見が数多く発せられた。そのなかには、元資源・環境省次官、TKVグループ紅河エネルギー会社社長、科学技術協会連合副主席などが含まれており、いまさらながら戦略的環境影響評価報告が公開されていないことを批判する声もあった。ベトナム−ハンガリー・ビジネス協会の会長を務めたこともあるグエン・クアン・ア博士は、廃液の処理方法についてTKVに情報公開を求めた［同前］。

国会議員のなかからも計画の中止を視野に入れた意見が表明され、二〇一〇年一一月の国会ではボーキサイト開発問題が再び焦点となった。自然環境への影響や安全対策について議員からの質問が相次ぎ、首相、商工相、資源・環境相などが説明を求められた。中央省庁だけでなく、地元の行政当局者の声も報道されるようになった。

批判者らは、現在の鉄道、道路、港湾設備では赤泥の搬出は事実上不可能であり、また、中国の技術水準では環境を護れないと主張した。さらに、ボーキサイトが計画どおりに採掘されれば、ダックノン省の一〇分の一にあたる六二五平方キロメートルの地面が掘り返されるという数字を示し、このような開発方法で持続可能な発展が期待できるのか、という疑問が示された。最後に、プロジェクトによる経済効果への疑念が出された。アルミナの輸出でどの程度の経済効果があるのか、開発で地方の財政が潤うのか、中国への経済依存がさらに高まるのではないか、電力や水の供給、廃棄物の運搬・処理などに要する経費が大き過ぎるのではないか、などの点が問われた［中野・村尾 2014］。

## 政府側の説明

共産党系の国会議員の間でも、政府が説明責任を果たしていないことが議論を呼んだ。国会の要求により、政府は二〇〇九年五月の第一二期第五回国会で、初めてボーキサイト開発について公式に報告し、議員や有識者が指摘した問題に回答することになった。

国会に対する政府の報告（以下、政府報告。詳細は中野・村尾［2011a］）は、ボーキサイト開発の理念を次のように述べていた。つまり、開発は「ベトナムの工業発展計画、地方の経済・社会発展および関連インフラ（交通・運輸・港湾・電力等）発展計画に適合したものでなければならない」、「経費を節約し、効率的で、生態環境を護り」、「ボーキサイトを産出する各地方、とくに中南部地域の経済・社会発展」に資するというものである。また、「近代的かつ環境に親和的な技術によるボーキサイトの採掘・加工工業を確立、発展させる」、「持続的発展を保障」し、中南部地域の「経済・社会と調和のとれた発展を保障」するとも述べていた。

前述の批判の各論点に対しては、政府報告は以下のように回答していた。まず、第一の民主主義にかかわる問題だが、プロジェクトについて国会の承認を得なかったことを政府は次のように説明した。つまり、国会の第六六号決議は、国会の審議にかけるのは国家資本の三〇％以上の大規模プロジェクトと定めている。ボーキサイト開発はこの決議が規定したプロジェクトに該当しない、ということだった。

しかし、付設する工場や電力・水の供給、廃棄物処理、鉄道・道路建設などの経費を含めれば、第六六号決議でいう大規模プロジェクトに該当する。また、この決議は環境に大きな影響を及ぼすもの、国防・治安にとくに重大な影響を与えるもの、重要な史蹟のある場所でのプロジェクトも審議にかけることを規定しており、ボーキサイト開発はこれらに該当すると考えられる。

中国のチャリエコ社との契約については、政府は明確に答えなかった。

第二の社会的な影響については、ボーキサイト開発は「経済・社会的に極度に困難な地域である中南部高原の経済・社会発展を目的とする」もので、この地域の「労働構造の転換を促し、雇用を創出し、人々の収入を増加させる」、「中南部高原諸民族の経済発展と生活改善」、「経済発展と文化・社会的発展の調和」を保障する、と政府は約束した。タンライとニャンコーのプロジェクトでは、それぞれ約一五〇〇～一七〇〇人の労働力を吸収できると見積もられた。

少数民族については、「地元の少数民族同胞の若者を優先的に訓練するという原則に立ち」、

「地元の少数民族の若者数千人に雇用を創出し、経済水準を高め」るという見通しだった。また、各地方省の人民委員会に「TKVと協働で、補償、土地収用、移住と再定住を滞りなく実施すること、また移住先での生活が移住前のそれよりもよくなることを保証し、補償と再定住の過程では、少数民族同胞の風俗・習慣の保存、発展と文化的特色の維持に関心を払う」任務を委託した、という説明だった。

第三の環境問題について、政府は「赤泥の成分には環境を害する毒性の物質、放射性物質は含まれておらず、有害廃棄物には属さないという信頼すべき結論が出た」と報告した。「赤泥の溶液にはpH一二・五以上のアルカリ性の成分がある程度残留しており、これが土に浸透すると周囲の土壌に有害であり、水源を汚染することになる」と認めたが、中国の処理技術の水準は証明済みであると説明した。

第四の経済効果については、TKVは「諸経費を十分計算して分析・算出」しており、投下資本は一三年で回収できるという見通しだった。政府報告は、アルミナの輸送は鉄道ができるまでは道路輸送に頼るが、鉄道が完成すればより経済効果が高まると予想していた。アルミナの販売価格の平均は一トンあたり三六二ドルという見積もりで、これは「妥当な数字」としていた。

また、ボーキサイト開発事業の波及効果として、「交通・運輸、機械、建設、都市開発、貿易、ホテル業、観光業、娯楽、飲食業などに関連する各サービス業部門の発展を招く」という予想で、「これは、農林業中心から多角的な産業へと、地域の経済構造の転換を促す」と説明された。

政府報告はあくまでも一方的な説明で、ボーキサイト開発問題は国会の議事予定に入れられていなかった。国会議長の判断で審議は行われず、議員からの質疑応答だけで、しかも質問を認められたのは四九三名の議員中わずか一〇名だった［中野・村尾 2011a, 2011b］。しかし、この件をきっかけに、政府に対する国会の自律性が従来よりも高まったように見受けられる。原発建設計画では、当初から国会の承認を得る手続きがとられたが、その背景にはボーキサイト開発と新幹線建設問題の影響もあったと考えられる。

ホアン・チュン・ハイ副首相は、二〇一〇年四月にラムドン省タンライのボーキサイト採掘現場を視察し、労働者および労働環境の管理、安全対策の実施と、地元の人材から技術要員や労働者を養成するよう求めた。しかし、地域住民に対しては、問題解決への参加ではなく、政府やTKVの方針に従うことだけを求めた。住民がガバナンスの主体になるという発想がないことは明らかだった。

それでも、有識者や革命功労者、一般社会からの声は、法制度や政策に一定の影響を与えた。二〇一〇年六月の国会では、鉱産物法の改正について審議が行われた。資源・環境相は、「現行の鉱産物法は、一部の規定がもはや現状に適さず、問題が生じている」として、今回の草案は鉱産物に関する国際法規に沿ったものであることを強調した。

二〇一一年一一月の政府定例会議は、鉱物の探査・採掘活動の管理について報告を聞き、討論を行った。グエン・タン・ズン首相は、鉱産物は再生不可能な資源だと強調し、鉱物を原料のかたちで輸出しないよう求めた。また、鉱物資源開発が社会や自然環境に及ぼす影響を考慮し、これまでの事業を再検査して問題のあるものは即刻停止するよう求めた。そして、鉱物の採掘について具体的な指導的意見を述べ、その一部について輸出禁止または停止を指示した。

この会議では、鉱物開発の許認可には、法を遵守していない場合や、探査の結果報告や規定の採掘許可書がない場合もあると指摘された。また、鉱物採掘についてのより具体的な規定が必要であり、国家機関の鉱物資源管理の責任をより明確にする必要があるという見解も出された。さらに、鉱物採掘の許認可では、環境やインフラ、「とくに交通インフラ」を含む経済・社会全体への影響を考慮しなければならない、という認識も示された。この会議によって、政府内部で資源の切り売りにならない持続的発展の重要性が確認されたといえるだろう。

一一月の国会では、議員からの質問に対して、首相が「新たな鉱産物の採掘許可を一時停止した」と答弁した。他の採掘計画もただちに再検討され、環境汚染を引き起こす採掘は即時停止されるか計画を修正するとされた。新たな鉱産物採掘計画については、「実行可能」で経済効果があり、環境を破壊せず、治安・秩序を脅かさない案件のみが認可されることになった。

また、政府はラムドン、ダックノン両省における現在のプロジェクトを「試験的なもの」と位置づけた。このような政策の変化には、著名人や一般市民による監視と意見表明も影響を及ぼしていたと考えられる［中野 2012］。

筆者の研究チームは、二〇一二年一月に商工省と資源・環境省の官僚にインタビューを行った。商工省のレ・ズオン・クアン次官によれば、ベトナムの鉱業は環境に十分配慮しており、鉱産物法も「時代に合わせて」三回改正され、鉱物資源の輸出は禁止されている、ということだった。資源の切り売りを法的に制限し、加工によって付加価値をつけて輸出するという方針である。また、開発計画の透明性についても意識しているという説明だった。

地域社会への影響については、クアン次官の説明は次のようなものだった。ベトナムの資源は山岳地域に多いが、そのような地域は教育レベルが低く、開発には配慮が必要である。開発政策では先住民に対する差別的な内容はまったくなく、地域社会に配慮している。山岳地域での雇用創出が課題である。住民の移住については、住民の職能訓練と雇用に十分配慮しており、これまで移住政策で問題が発生した事例はない。

同次官は、中部高原のボーキサイト開発については、「移転する住民には十分な補償が支払われ、他の住民から妬まれているほどだ」と語った。文化面にも配慮しており、たとえば、地域の伝統家屋をそのまま移設するような措置に多額の予算を割いている。そのような情報は公開され、関係者に周知されているという。

しかし、後述のように、このインタビューと同じ時期に筆者らがボーキサイト開発現場で行った調査では、移住政策について住民への情報公開は進んでおらず、「伝統家屋をそのまま移設」した例も見られなかった。

資源・環境省では、ライ・ホン・タン鉱業管理課長が次のように説明した。まず、新しい鉱業法は、国家、鉱産地の地域住民、資源産業の間のバランスをとることを目指している。また、企業の責任は明確化されている。さらに、企業は地元民に配慮しなければならず、ボーキサイト開発予定地については地元民の雇用が優先される、ということだった。

## ボーキサイト開発現場の調査から

筆者のチームは、二〇一二年二月にラムドン省タンライとダックノン省ニャンコーで、工場周辺の住民や工場建設現場の労働者への聞き取り調査を行った。行政当局に正式な調査の申請をしても許可される可能性はないため、非公式なインタビューを短時日で行うしかなかったが、前述の論点と可能なかぎり対照させると、次のようなことが明らかになった（詳細は中野・村尾[2012]）。

批判の一点目の民主的手続きに関係する事柄では、住民への情報開示と説明が十分に行われていないことがうかがわれた。タンライとニャンコーの住民の多くは、十数年〜二十数年前に北部諸省から移住した開拓農民である。血縁者を基本に数世帯単位で集住し、森林を開墾して、コーヒー、胡椒、カシューナッツ、タピオカなどを栽培して主な収入源としてきた。ニャンコーの農家の例では、コーヒーなら一ヘクタールあたり年間約二トンの収穫があり、四〇〇〇平方メートルの耕地で約四万ドルの年収になる。後述するように、ボーキサイト開発現場で非正規に雇用されるよりも、農業のほうが安定的な収入を得られると考えられる。

ベトナムでは土地の私有権は認められておらず、土地は「全民所有」（国有）である。憲法によれば、国家が組織や個人に土地の使用権を承認し、国家は「国防・治安、経済・社会の発展」という目的で、「国益、公共の利益」のために組織や個人の土地を収用することができる。土地法の規定では、土地は「全民所有」で「国家の統一的管理」の下にあり、国家が土地の使用権を使用者にゆだねることになっている。さらに、土地使用の原則として、「天然資源の合理的開発と環境保護」「民主と公開」が定められている。土地の収用は、農地の場合は収用の九〇日前まで、その他の土地は一八〇日前までの通達を義務づけている。

工場建設が遅れていたニャンコーでは、住民によれば「土地が収用された場合、補償金の交付後三か月以内に移転しなければならず、移転を拒否すれば重機で家を壊すなどの強制的措置がとられる」ということだった。土地法は、土地の使用者が収用に同意しない場合は強制収用が執行されるとし、使用者に異議申し立ての権利を保障している。強制収用は「公開、民主、客観」を原則として、「秩序と安全を守り、法律の規定に沿って」執行されなければならないとも規定している。

土地法は、土地使用計画の公開を定め、人民の意見聴取を義務づけている。また、収用する土地への補償は「国家の義務」であり、土地使用者への補助や再定住などについて詳しく規定している。しかし、現地調査の時点では、ニャンコー住民は工場の建設や拡張計画、土地の収用や移転計画について詳しい情報を得ておらず、自分の土地が収用されるのかどうか、立ち退きの時期、移転先、補償金などについても十分な説明を受けていなかった。

工事が進んでいたタンライでも、住民は「自分の世帯が移転することになるのかどうかは知らない。工場が拡張されて何年後かに移転するのかもしれないが、今はそのような話は聞いていない」と語った。「収用された土地の半分の補償金は受け取ったが、残りはまだ。TKVが県を通して補償金を払うらしいが、資金がないため支払いが滞っている」「樹木と耕地の補償金は受け取ったが、宅地の分はまだ。立ち退きがいつかわからない」というように、移転の補償金の額、交付の時期や交付方式についての説明も不十分だった。

タンライではすでに移転を終えた世帯が多いが、補償金の交付予定が不明確であったり、住民が金額に不満があっても異議申し立てが困難なようであった。「早い時期に補償金を受け取った人々は他所の土地を比較的安く購入できたが、補償が決定してもまだお金を受け取っていない人もいる。そのような人々がこれから新しい土地を買うのは無理。補償金に不満があっても事実上泣き寝入りの状態にある」という。ここでも、建設計画についての情報公開と説明責任が不足しているようだった。

批判の二点目にかかわる少数民族の状況については、短期間の非公式な調査で全容を明らかにすることは不可能で、筆者が訪問できたのはタンライの工場付近のチャウマー人の再定住地だけだった。

タンライの工場から二～三キロメートル離れた再定住地域に、少数民族チャウマー人の二六世帯が三～四年前から移住し、TKVが無償で提供した家屋に居住している。ボーキサイト開発計画を知らされたのは四年ほど前だった。初期の移住だったため補償金は「安かった」という。TKVが建ててくれた家は、「家賃はないが、電気と水は買わなければならない」「移住前はコーヒーなどを栽培し、家畜も飼育していたが、今は自分の畑がなく、家畜も飼えない」というように、移住によって生活環境が大きく変化していた。家族の成員がそれぞれ茶摘みや茶葉加工の作業に出かけたり、省境の農園で住み込みで働いたりしている

チャウマー人の再定住地（筆者撮影）

という話から、家族がばらばらになる生活を余儀なくされていることがうかがえた。

チャウマー人にはキリスト教徒が多く、この再定住区にもTKVが提供したプロテスタントの礼拝所がある。そこに住む牧師は、再定住地の住民は「仕事を失うこともあり、生活は苦しい」「少数民族への差別はある」と語った。不満があっても異議申し立ての手段や機会がないのが現状のようである。

三点目の環境問題については、住民の環境被害への対策が不十分であることがわかった。鉱業

用地について、土地法は「環境保護、廃棄物処理その他の措置をとる」ことを定めている。しかし、工場を建設中のニャンコーでは、騒音、振動、土砂流出による被害が発生しているにもかかわらず、企業と行政当局の積極的な対策は認められなかった。

ニャンコー住民の一部は、工場の建設工事によって経済的な損失を被っていた。ある農家は、野菜を栽培し、池の魚を捕って収入を得ていたが、工事が始まると工場の敷地から畑や池に土砂が流入し、それらの収入が得られなくなった。行政機関やＴＫＶに訴えたが、ＴＫＶ側は「本社に報告して対応する」と言いながら実際は何もしていない。県が会社に早期の対応を促しても、やはり会社は何の対策もとらなかった。三六〇平方メートルの土地が泥で埋まってしまったが、ＴＫＶは「埋まった面積を計測しただけで何も補償はしてくれない」という。池で魚を捕って売っていたときは、一日約一〇ドル程度の現金収入になったが、その収入が確保できなくなった。

工場からの土砂流出で埋まった池（筆者撮影）

ニャンコーの住民は、騒音や振動のため「工場から一キロメートル以内には住めない」と語っている。建設現場で杭打ち作業があったときには騒音と振動がひどく、子どもは家のなかで勉強ができなかった。ＴＫＶには一年間で七

〜八回抗議したが、「親身になってくれない」という。

移転対象ではない地域でも、事実上、生活や労働が困難になっているケースが見られた。茶葉の仲買人は、「工場のトラックによる土埃がひどく、住民の交通に支障がある。茶を栽培する農民は、なかなか補償が下りないため生産意欲を失い、収穫も減ってしまった」と語った。もともと一日に約一〇トン売買していたが、この調査の時点では一日一トン程度に減少していた。

工場が試験稼働の段階にあったタンライでは、影響はより明らかだった。「ときどき機械の試運転があると、ヘリコプターのような騒音が出て夜も眠れない。一〇キロメートル離れたところでも聞こえる。煙もたくさん出る」「移転はしたくないが、工場の機械の試運転があったときは音がうるさかった。工場が稼働したら、水が汚染される心配がある」という話が聞かれた。

工場建設にともなう土砂の流出や騒音の発生については、ニャンコーでは、「会社側からは、そのような可能性について事前の説明はなかった」「退役軍人の集会で、工場の騒音、振動、土砂流出の被害について発言したら、行政機関の環境問題担当者が現場に来たが、いい加減な説明しかしなかった」という話が聞かれた。タンライでは、「建設工事が始まってからは、汚染や騒音については何も通知はない」という。このようなことから、環境リスクについて住民に説明がされていなかったことがわかる。

地域経済の活性化については、地元での雇用創出や人材育成という効果は、少なくとも調査の時点では認められなかった。筆者が話を聞くことができた建設労働者は、すべて他の地方からの出稼ぎだった。

ニャンコーの建設労働者の場合、賃金は仕事の内容によって異なるが、平均で一日約七・五ドルとのことだった。タンライでも、排水ポンプの設置、トラックの運転などに携わる下請け会社の作業員は地方からの出稼ぎだった。あるトラック運転手は、「TKVから運送会社に払うガソリン代がなく、輸送がストップすることもある。会社が賃金を払えるときには一日に二～三回運転するが、ここ数日は仕事がない。仕事の時間もはっきり決まっていない」と語った。出稼ぎ労働者の収入は月によって違い、不安定な生活を余儀なくされているようであった。

工場に雇用される場合も、雇用期間は決まっておらず、賃金の支払いも保証されていないという話だった。単純労働の従業員は正規雇用ではなく、そもそもあまり多く採用しないという。このように、地域の労働力を積極的に活用するという企業の意思は見られなかった。政府報告や、商工省、資源・環境省の説明と現実との間には、大きな差異があるといわざるを得ない。このような現状から、企業に対する従業員の帰属意識や住民の信頼を得ることは容易ではないと考えられる。

## 計画の破綻

二〇一四年六月の時点で、ボーキサイト開発プロジェクトは予定より二年以上遅れている。ある専門家の推計では、工期の遅れによって、タンライでは二〇一三年五月までに少なくとも七〇〇〇万～八〇〇〇万ドルの財政上の損失を出している。ニャンコーでは、工場建設だけでも年間約三億五〇〇〇万ドルが費やされている。

これらがアルミナ生産のコストに反映されると、アルミナ一トンのコストは約五〇〇ドルとなる。政府報告では、一トン当たり三六二ドルと見積もられていた。TKVの当初の計画でも、一トンの輸出価格は四五〇ドルとされていた。この数字に従えば、一トンあたり五〇ドルの赤字となり、年間約三〇〇〇万ドルの損失になる。

二〇〇七年の首相による一六七号決定では、中南部のビントゥアン省のケガーにアルミナを搬出する港を建設することになっていた。しかし、ケガーの地形や海流は複雑で大型船の航行には危険なこと、漁業や生態系への影響など、専門家の間から批判が出ていた。

TKVの当初の計画では、同港の建設には約五〇〇億ドルが投入され、二〇一五年には一〇〇万～一五〇万トン、二〇二五年には二五〇万～三〇〇万トンのアルミナの積み出しが可能になるはずだった。しかし、建設予定地ではすでに一二件のリゾート地開発計画があり、TKVと開発事業主との間で土地の売買交渉が滞ったため、港の建設は五年間何も進まなかった。二〇一三年二月一八日、首相の決定によりケガー港建設計画は中止された。TKVは、「技術面に問題があり、経済効果も期待されない」ためと説明した［中野・村尾 2014］。

政府報告は、タンライとニャンコーで用いられる中国の技術は、「先進的アルミナ・アルミニウム工業部門をもつ国々の国際的なレベルに準ずる」「中国の技術は実際に検証済みであり、ベトナムでの各プロジェクトに適用が可能である」「TKVは、入札時のデータに沿って技術面の検査・査察と技術移転の受け入れに責任をもち、先進的技術を保障する」としていた。

しかし、中国企業はベトナム北部山地で採れる種類のボーキサイトを加工した経験しかなく、中南部高原で採れる種類のボーキサイトからアルミナを生産した経験がないことが明らかになった。しかも、古い技術と設備で試行錯誤的に作業し、それが汚染物質の発生にもつながっているという。政府報告は、「近代的かつ環境に親和的な技術」によって「持続的発展を保障」すると謳(うた)っていたが、この点も疑問視せざるを得ない。

ボーキサイト開発計画の大幅な遅れは、政府・国有企業に対する批判を募らせた。説明を求められたヴ・フイ・ホアン商工相は、計画が遅れている理由について、「ベトナムでは初めての試み」であり、「莫大な資金管理の経験がない」「複雑な技術が要求される」という理由を述べた［同前］。しかし、それらはいずれも計画立案段階からわかっていたはずのことである。そして、原子力発電所の建設もこれらの条件にあてはまる。

政府報告は、「ベトナムの工業発展計画、地方の経済・社会発展および関連インフラ（交通・運輸・港湾・電力等）発展計画に適合したものでなければならない」としていた。しかし、商工相の答弁は、自国の経験、資本管理能力、技術レベルなどの条件に則した身の丈に合った開発計画が策定できなかったことを示している。

二〇一三年五月九日、ベトナム科学技術連合の主催する会合で、ＴＫＶは初めて次のような数字を公開した。タンライ・プロジェクトへの投資額は、二〇〇九年当初は約六億七〇〇〇万ドルだったが、二〇一三年三月には三三・一％の増額となった。理由は諸物価の上昇と、当初のコスト計算が「主観的」だったためとされる。その結果、投下資本の回収期間も二年以上延びることになった。ニャンコー・プロジェクトには、これまで約三億四〇〇〇万ドルが投入されたが、工期の遅れで約八五〇〇万ドルの損失が生じた。政府報告は「経費を節約し、効率的」な生産を行うとしていたが、この点でもほころびが露呈した。

ＴＫＶは工期が遅れた理由として、第一に「大規模で複雑なプロジェクト」であること、第二に用地の収用が遅れていること、第三に「(二〇一〇年の)ハンガリーの赤泥流出事故を受けて、赤泥貯留池のテストに時間がかかっている」こと、と説明した。しかし、それに加えて、第四にプロジェクト継続の可否をめぐる「世論の影響」があること、第五に中央・地方当局の視察とメディアの取材が多く、ＴＫＶと中国のチャリエコ社に「精神的な影響」があることをあげた。とくに第四、第五の点については、国家的大規模プロジェクトの当事者がこのように認めることは異例である。

このような現状から、ボーキサイト開発には計画立案段階から不備があったといわざるを得ない。しかし、その責任の所在は不明確で、莫大な経済的損失や、自然環境や住民生活への被害状況を市民が自発的にチェックし、異議を申し立てることも困難なのが現実である。

## おわりに

原発、新幹線に先立って着手されたボーキサイト開発だが、プロジェクトの経緯を見ると、政府と国有企業による開発戦略の不備、実施過程での管理の杜撰(ずさん)さが浮き彫りになる。中央政府の見解と現場の状況にも大きな隔たりがあった。行政機関や企業には、開発計画について住民に情報を伝達したり、環境被害に対して適切な対策をとる積極的な意志は見受けられない。残念ながら、現在のベトナムには、環境ガバナンスが成立するための民主的な土壌がないといわざるを得ない。

ベトナム共産党政府が一党体制を維持するためには、経済発展の成果によって支配の正統性を示さなければならない。資源開発のような大規模で可視的なプロジェクトは、成果としてはわかりやすいものだろう。しかし、その政策決定や問題解決の過程も可視化され、市民のチェックや自由な意見発信が担保されなければ、党-国家に対する社会の信頼も得られないだろう。

ボーキサイト開発の状況から、原発建設についても次のような疑問が生じてくる。第一に、ベトナム政府と企業は、計画を予定どおり実施し、期待される効果を生むことができるのか、第二に、土地収用や補償、代替地などについて、計画が住民に十分に伝達され、住民とのコミュニケーションが図られているのか、第三に、事業の実施状況を独立的にチェックするシステムがあるのか、そして何よりも第四に、自然環境や健康への影響について、住民への情報開示と実効性のある対策が図られているのか。ボーキサイト開発の経験は、そもそも原発はベトナムのガバナンス能力に適切な、つまり「身の丈に合った」道具なのかどうかを問いかけている。

《参考文献》


中野亜里（2012）「ベトナムにおける市民社会の萌芽──領土問題・資源開発をめぐる市民の公的異議申し立て」『国際政治』第一六九号、七三〜八七頁

中野亜里・村尾智（2011a）「ベトナム政府による中南部高原のボーキサイト開発計画──第12期第5回国会報告資料」『地質ニュース』第六七八号、六六〜七八頁

中野亜里・村尾智（2011b）「ベトナム中南部高原におけるボーキサイト開発計画の経緯と批判者側の論点について」『地質汚染─医療地質─社会地質学会誌』第七号、一〜九頁

中野亜里・村尾智（2012）「ベトナムの鉱物資源開発をめぐるガバナンスの諸問題──ボーキサイト開発に関する政府・企業の説明責任」『環境地質学シンポジウム論文集』第二二号、一一五〜一一八頁

# 第5章

# 誰のための原発計画か
## ――その倫理性を問う

伊藤正子

## ベトナム人が日本政府に送った原発輸出反対署名

二〇一二年五月一五日夜、ベトナム語の人気ブログを読んでいた筆者の目に飛び込んできたのは、日本が計画しているベトナムへの原発輸出に抗議し反対署名を呼びかける文章であった。ベトナムでは報道の自由に制限があるため、政府公認の新聞・雑誌・テレビ・ラジオなどには検閲がある（民間資本の報道機関は存在が認められていない）。そのため、本当の情報は個人や有志がやっているブログやフェイスブックを通じて得られる、と都市知識人の間では考えられている。同ブログは、そのなかでも「ベトナムの社会状況を知るための面白い情報が載っている」とベトナム人の友人から勧められたため、しばしば読んでいたものであった。ブログ筆者は、ハノイ在住でカーチューというベトナム北部の伝統音楽についての研究で博士号を取得し、著作にもまとめている研究者グエン・スアン・ジエン（一九七〇年生）である。ブログ上には、本名と住所入りで次々と署名が集まっていた。

二〇一〇年一〇月に当時の民主党政権下で、菅直人首相（当時）がベトナムを訪問し、グエン・タン・ズン首相とのトップ会談でニントゥアン省の第二サイトに原発二基を建設することが正式に決まって以来、筆者は苦々しく思っていたが、東日本大震災後、脱原発に転じた菅首相の下でいったん進展がストップしたため、さすがに原発輸出は止まるのではないかと期待していた。しかし、二〇一一年八月に野田政権に替わってから再び輸出計画は再稼働し、どうにかして止められないだろうかと思っていた矢先に、思ってもみなかったベトナム側からの大きなアクションであった。

しかし、署名集めが始まって三日後の一八日、ジエンの勤め先の研究所に「抗米戦争で国家に尽くした傷病兵」と称する暴漢が押し入って威嚇し、文書の削除を要求した。ジエンたち（ダナン工科大学のグエン・テー・フン教授、オーストラリア在住のエンジニアであるグエン・フンの三氏が呼びかけ人であった）は、ブログからの削除は強いられたものの、脅しにめげず、集まった六二六名（署名者の合計数は資料により多少の相違がある。また海外在住ベトナム人や数名の外国人を含む）の署名入り請願書をハノイの日本大使館と日本政府（首相・外相・駐越日本大使宛）へ二一日に送付した。そこでは、日本による原発建設支援を、「無責任」「非人道的」「不道徳」と批判していた。日本政府からの返答はなかったが、国策に反対すると逮捕・拘禁の恐れもあるベトナムの政治状況の下、実名で六二六名もの人が署名したことの意味は非常に重い。署名者のなかには、のちに公安から警告を受けた人もいた。

日本がこの時期全原発を停止していた理由が定期点検であって、脱原発に踏み切ったわけではないことを理解していないなど、事実関係の誤認があるものの、ベトナムの知識人たちが原発をどのようにとらえていたかを理解するために、ジエンたちが五月一五日にネットに掲載した日本政府への請願文を掲載する（原文はベトナム語版と英語版があったが、ベトナム語版からの抄訳である）。

二〇一二年五月二一日
日本政府　内閣府　野田佳彦首相
C／C：玄葉光一郎外務大臣
谷崎泰明駐越日本大使

ベトナムに原子力発電所を建設するための財政援助をする日本政府に強く反対し、ベトナム人に対する無責任な行いと差別的な対処を即刻やめることを要求する

首相御中

二〇一二年五月四日、日本の北海道電力が日本の五四の原子力発電所のうち最後の発電所の運転を止めた。このことは、日本でのウランの核分裂による電力生産を公式にやめたということである。（中略）

各発電所での事故が人々の健康と安全に影響を与え、国家経済に災害を与えることを心配したため、原発すべての稼働を止めるという決定と、将来新規の原発建設をしないという決定をしたのに逆行し、日本政府はニントゥアン省ファンランにベトナムが原発建設を行うた

めの援助に同意した。

これは無責任な行いである。さもなければ、日本の人々の安全を心配して日本の政権がやったことと比較して、ベトナムの国土と人々に対する日本の政権の非人道的な行いである。さもなければ、これは違法で人類の道理に反する行いである。日本の政権が五四すべての原発の稼働を止める決定をしたのなら、日本は他国に原発建設をするための財政援助はできないし、日本企業が他国に原発建設をすることを認めたりはできないはずである。

我々、国内外の関心をもっているベトナム人は、ベトナムに原発建設をするための援助を行うという日本政府の決定に対して反対するためこの手紙を書く。我々は、民族差別的で無責任で道理のないこの行いを即刻やめるように、貴下と日本政府にお願いする。

敬具

関心のあるベトナム人を代表して

グエン・テー・フン博士、グエン・スアン・ジエン博士、グエン・フン技師

署名者の名簿（略）

この話には続きがある。ハノイ市情報メディア局よりジエンに呼び出しがかかり、二五日朝から夜九時ごろまで取り調べを受けた。日本でもこのニュースを聞いて、ＦｏＥ Ｊａｐａｎやメコ

ン・ウォッチなどのNGOが署名を集め、六月四日にジエンたちの日本政府宛抗議文の取り扱いについて、彼らが不利益を被らないよう両政府に要請した。結局、八月一六日に出た行政処分は罰金七五〇万ドン（日本円で三万円ほど）であり、個人のホームページを利用して情報を供給し、社会の秩序と安全を乱したという理由であった。政治犯に適用されることもある「刑法八八条」（ベトナム社会主義共和国に反対する宣伝をした罪）や「刑法七九条」（人民政権を倒そうとする活動に対する罪）の適用はなく、日本で推移を見守っていた関係者は胸をなでおろした。

筆者が二〇一三年三月に本人にインタビューした際には、ジエンはこの罰金について「絶対払わない、払うと何か悪いことをしたと認めてしまうことになるから。私は国家のためにやっているのだ」と答えた。同時に「ベトナムの技術・管理レベル、政府の行政能力、汚職や腐敗の蔓延状況などからして、日本は原発建設に援助すべきでない。日本では依然原発を廃止すべきという意見が多数派と聞いているが、自分たちが廃止を希望しながら他国に輸出するのは筋が通らない」と述べた。喫茶店で話を聞いたが、黒いサングラスをかけたいかにも公安関係者らしい人物がジエンの後から入ってきて彼の真後ろに座り、しきりとこちらをのぞいていた。ジエンは、反中国デモに先頭を切って参加したり、さまざまな社会問題についての意見をブログに載せたりしているせいもあって、政府から敵視されている。そのため民主化勢力に対抗するグエン・タン・ズン首相のホームページでは、名指しで個人攻撃されている。

本章では、日本が官民一体となってパッケージとして輸出する予定の原発を、原発輸出推進派がどのような論理で正当化しているのか、導入する予定の国家側はどのような反応を示しているのか、もっとも輸出が具体化しているベトナムを例に考察する。すでに見たように、ベトナムでは言論の自由に制限があり、国民が国策に反対することは基本的には許されない。このように情報統制がされており、国家が国民の知る権利を制限しているような状況の国家に対し、その状況をうまく利用して原発を販売しようとしている日本のあり方について検討する。またこのベトナムへの原発輸出が、よくいわれているようなベトナムの電力不足を解消するためなどという単純な経済的事情によるものではなく、日米の軍事協力の下、中国包囲をにらんで日本政府が謳い上げる日越「友好」の政策の延長上に乗っているきわめて政治的なものであることについても考えてみたい。

資料としては、ベトナム側情報については、インタビュー、日越の新聞やベトナムの民主化勢力によるブログなどに基づく。日本側は、文書化されている資料によった。

## 原発建設予定地の状況――相対的貧困と伝えられない情報

建設予定地については「はじめに」で述べたとおりだが、隣接するヌイチュア国立公園の海岸は絶滅危惧種のアオウミガメの産卵地で、タイアン村沖合にはサンゴ礁があり、船底からサンゴをのぞけるようになったエコツーリズム用の船が隣村から出ている。ベトナム人向けのエコツーリズムのサイトで、美しい海が広がっている様子が見られる。水生生物の専門家によると、ウミガメは大変繊細で、少し砂浜の形状が変わっただけで産卵しなくなるという。たとえ事故がなくても、原発などを建てると二度と産卵しに来ることはない。タイアン村近辺には過去に八メートルの津波が来たといわれ、チャム研究者によれば、同じニントゥアン省内にチャンパ時代（詳細な時期は不明）に襲来した津波で亡くなった人の墓があり、チャム人が「波の神様」を祀っている場所がある。

現在はベトナムの少数民族の一つになっているこのチャム人が、実はニントゥアン省の原住民であった。チャム人の祖先たちは、古くから中部ベトナムにチャンパという国家をもっており、二世紀には中国支配から自立して次第に「インド化」し、ヒンドゥー寺院や彫刻など多くの文化遺産を残した。世界遺産ミーソン遺跡もチャムの祖先がつくったものである。しかし、一五世紀以降は衰退し、一九世紀半ばにキン人のグエン朝に完全に滅ぼされた。ニントゥアン省では、現在省人口六〇万人弱のうち一二％をチャム人が占めている。町には主要民族のキン人、辺鄙な村にはチャム人が相対的に多く、ベトナムにおける原発建設の問題はベトナム国内における少数民族問題という文脈でも考える必要がある。本書にコラムを寄稿している詩人のインラサラなどチャム人知識人の反対も根強い。先のジエンらの署名では、チャム人の署名者は六二名にのぼったという［古田 2013: 208］。

次に、なぜニントゥアン省が建設予定地として目をつけられたか、理由を検討してみたい。同省は海に面していて、原発に必要な水が得やすい省のなかでも、周辺省と比べて開発がかなり遅れている。現金収入の面からだけ見ると非常に貧しい省の一つである。たとえば、二〇一〇年の一人あたり月収で一〇〇万ドン（約五〇〇〇円）を切っているのは、ほとんど北部山間部の少数民族地域の省であるが、ニントゥアン省も九四万七四〇〇ドンである。ニントゥアンの海に面した周辺省は、フランス植民地時代から有名な観光地ニャチャンをもつ北側のカインホア省が一

タイアン村の入口

二五万七九〇〇ドン、同じくリゾート地でヌォックマム（魚醬）の産地としても有名なファンティエットがある南側のビントゥアン省が一一五万九九〇〇ドンなどであるのに、ニントゥアン省は目立って低く周辺省に埋没したかたちである。

周辺省は海浜リゾート開発に加え、チャムの塔など歴史的遺跡の観光でも利益をあげているが、ニントゥアン省にも町の郊外に遺跡がいくつかあるにもかかわらず観光開発に失敗しており、省都ファンラン・タップチャム市（タップチャムはチャムの塔の意味）を訪問する外国人観光客は非常に少ない。このため、原発マネーをぶらさげられた省が話に乗ってしまったのではないかと推測される。ニントゥアン省のキン人幹部は「引退後はホーチミン市やハノイで過ごそうとして

いる『よそ者』である」［古田 2013: 208］と言われ、省レベルにはチャム人の地元出身幹部が多くないことが推測される。二〇一三年八月には、ニントゥアン省の西に位置する観光地で高原保養地としても有名なラムドン省ダラトに計画されている「原子力科学技術センター」の建設に、地元住民だけでなくラムドン省自体が「観光に影響する」として反対していることが報道されたのとは対照的である。

　また、タイアン村周辺は白砂の小さなビーチが点在しているが、ある程度の広さをもった空いた土地は海岸沿いにはない。日本では原発は人が住んでいない土地に建てられてきたが、ニントゥアン省ではそのような土地がすでに海岸沿いにないため、人が住んでいるタイアン村が目をつけられたと思われ、村人は二キロ足らずしか離れていない土地へ移転することが決まっている（原発事故が発生した場合、甚大な被害を受けるであろう）。漁業と細々とした農業以外に生業は考えられず、人口密度も低いので、省から見ても原発の犠牲にしても影響が大きくないところに映ったのかもしれない。現金収入の面では相対的に貧しいのは確かだが、タイアン村は、漁業のほか、ブドウやニンニク、ねぎなどを生産し、生活は安定している。

　筆者は二〇一一年一二月一〇日にホーチミン市に出張したが、ホテルに着いてテレビをつけたところ、九～一〇日とグエン・タン・ズン首相が自らニントゥアン省に乗り込み、開発や投資について直接説明しているニュースに出くわした。首相は、ホーチミン市から高速鉄道や道路を通し、水路を整備するなどインフラの整備を宣伝し、最後に原発の建設も付け加えていた。その後の夜七時のニュースの後のゴールデンタイムには、日本語の原発宣伝映像にベトナム語の字幕をつけたものを、VTV1チャンネルで延々と放送していた。VTV1とは、報道を中心とした全国放送という点で、日本でいえばNHK総合テレビのような位置づけである。つまりパソコンなどをもたないタイアン村の人たちは、こちらの安全神話の宣伝しか耳にすることができない。

ちなみにベトナムでは、パソコンがあってもすべてのサイトを見られるわけではない。誰がネットにつないでいるかわからなくする複雑な操作をしなければ、政治的なブログや外国通信社のベトナム語ニュースサイト、フェイスブックなどにはつなぐことができない規制がかけられている（省や市によって、また時期によってもネット規制の度合いはまったく異なる）。東日本大震災自体に関して報道規制はなく、ベトナムからは政府だけでなく一般市民からの寄付がお見舞いとして届けられたりしたが、福島の原発事故については、新聞やテレビなどの公共放送を通じた報道は事故後二か月で規制されるようになったという。

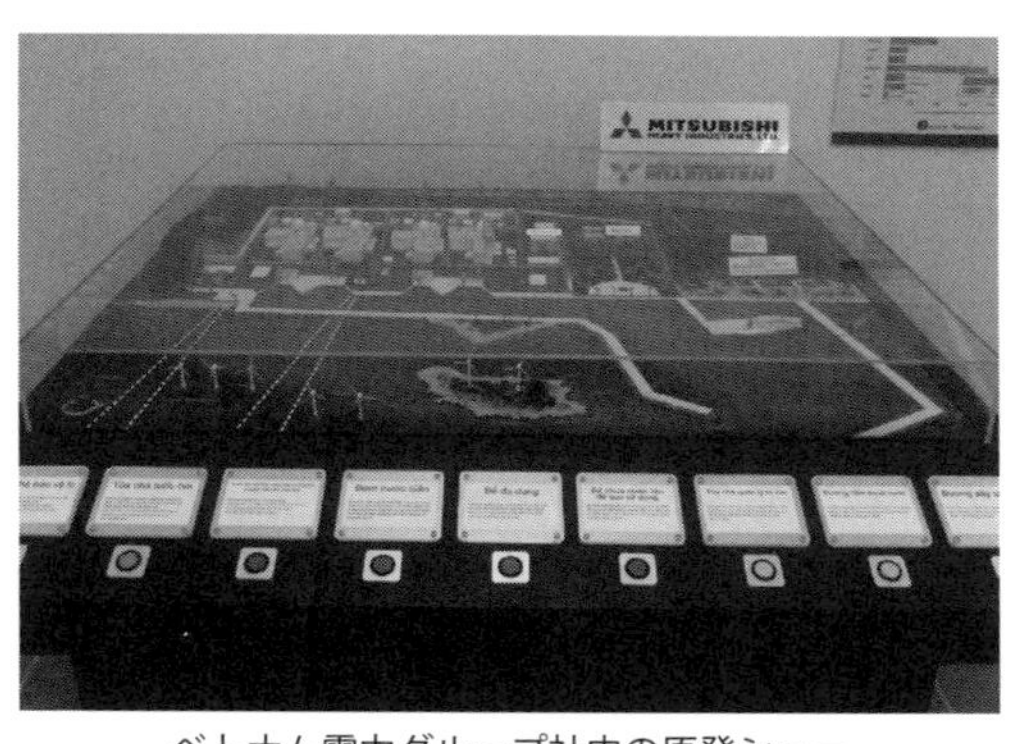

ベトナム電力グループ社内の原発ショールームにある日本が建設する原発の模型

それでは予定地の住民は原発建設をどう受け止めているのだろうか。多くの村人は官製情報しか知ることができず、「国家が決定したのだから仕方がない」とあきらめる、あるいは情報が少ないので「原発は安全！」と信じる、のどちらかである。ジャーナリストの中井信介の取材で、原発事故以前の二〇一〇年七月から八月にかけて、ニントゥアン省のロシアと日本の原発予定地の住民計一二人が、日本の関連企業に招待されて福島原発などを見て歩いて、地元に帰ったのち「安全だ」と宣伝していることも明らかになっている。筆者は、タイアン村沖を航行する観光船の舵手の男性と観光船を出している観光会社の社長に原発の話をふってみたが、舵手の男性は「国家が決定したのだから、耐えるしかない」と言い、社長は「原発ができても関係ない。一〇年この仕事をやってきたのだから同じように続けるだけだ。何も変わらない」と答え、情報がないため深く考えていない様子だった。

## 日本の推進派の意見と動向――「国際戦略」しか考えない人たち

日本側がベトナムへの原発輸出をどのように進めてきたかについては第2章に詳しいので省略するが、日本の原発推進派がどのような論理で輸出（ベトナムにとっては輸入）を正当化しているのか見ておきたい。推進派の主張する理由はいくつかあるが、共通するのは経済成長にともなう電力不足に対応するためということである。しかし一方で、中国への対抗上（軍事的脅威、経済的競合相手）、輸出が必要であるとの本音が漏れ聞こえる。

まず、ベトナムの電力事情について概観しておきたい。ベトナムでは都市でも依然としてしばしば、かつ長時間にわたる停電があり、計画停電もあるため、国民の実感として「電力が不足している」という感覚があり、「電力不足」だから原発は必要だという理由づけに納得しやすい。しかし、実際は送電に大きな問題を抱えており、ロスで消えてしまう電力は依然として周辺諸国よりかなり大きな割合にのぼると見られる。二〇一三年の時点では、送電ロスは一〇・一四％で、フィリピンの一一・一〇％よりは少ないものの、インドネシアは九・一四％、タイは六・九四％、中国は五・七三％、日本は四・六二％である。また、節電はまったく浸透していない。もちろん工業化の進展で電気は余ってはいないが、電力予測はＧＤＰ成長率や出生率などをかなり高く設定したまま行われており、最近になって、見積もりが過大なのではないかという疑問が専門家の間で出されている（本章第5節のファム・ズイ・ヒエンの指摘参照）。

それでは、原発輸出推進の論陣を張っている人物の主な主張を具体的に見ていく。民主党時代から政権と組んでベトナムへの原発輸出を推進した人物に、ベトナム政治が専門でマスコミへの露出も多い坪井善明・早稲田大学教授がいる。以下早稲田大学で開かれたシンポジウムを収録した『3・11後の日本とアジア』［小口編 2012］による。坪井は、国際協力機構（ＪＩＣＡ）とベトナムの国立研究所で多くの研究者が属するベトナム社会科学院（ＶＡＳＳ）への知的支援におけるシニアアドバイザーをしており、大震災直前の二月末から三月初めにかけて、東芝副社長などとともに、ベトナムの科学技術大臣を含む原発訪日団を連れて、敦賀原発や六ヶ所村の日本原燃再処理工場を訪問した。

坪井はそれらの経験も踏まえ、まず原発に対し否定的な発言をする。「六ヶ所村のあれは最終処理場じゃないわけですよね。低エネルギーはドラムの中に煮詰めておいていくけれども、高エネルギーはガラス管に入れて地下三〇〇メートルに三〇〇年置きますというのですが、プルトニウムの半減期というのは二万四〇〇〇年ですよね。三〇〇年置いたということが将来に対してどれだけ責任を持っているかということです。私は原子力発電所というもののコンセプトそのものが、最終処分場さえ決まらなくて作って運転しているということ自体が、今コストの話をなさっていたけれども、基本的に無責任だと思います。（中略）中間処理施設なり、最終処理施設が決まっていない原子力というのは論理的に破たんしているとしか私には思えません」（102～103頁）。

しかし結局、以下のような「中国への対抗」理論を展開して、ベトナムへの原発輸出を正当化する。「中国との現在までの緊張関係を考えると、ベトナムは、信頼関係の面でも技術の面でも資金の面でも、福島第一原発事故の後でも、やはり日本に頼みたい。安全で、お金の面も考慮してくれて、技術的にもしっかりした日本に頼んで、安定供給ができる原子力発電所がほしいというのが本音だと思います」（83頁）。しかし自分が「破たんしている」と考えるものを、他国に輸出するというのは、単純に考えても倫理的でなかろう。「ベトナムについて言えば、中国が原発を持ち、プルトニウムで核を持つのであれば、小さな国ベトナムも原発を持ち、核をつくって、軍事的に中国が攻撃をしてきた時に備えるという意識があります。原子力発電にせよ、核にせよ、中国がベトナムに向けて核攻撃するのであれば、負けるかもしれないけれども、一発、二発は返したい。少なくともその技術は持っておきたい。その文脈で原子力発電所を考えているということは明確に口には出しませんが、少なくとも意識はしていると思います」(104頁)。「ただ、彼らにとって一番問題なのは、中国がこれから六〇基以上の原発を作るという計画です。特に中越国境に原子力発電所を作るという現実の中で、『やはり我々自身もその原子力発電所の技術や知識を持っていない限り、原子力発電や核技術を隣の巨大な中国がアグレッシブな形で開発を進める時、国家の安全保障上、ベトナムを守るためにも対抗できなくなる。それで原発は絶対に作らなくてはいけない』と言っています」(207頁)。坪井が聴き取っているのは、図らずもベトナム高官の「核兵器技術」への密かな欲望である。

そして坪井は「脱原発や反原発か(原文ママ)を主張するのは簡単だけれど、福島第一原発の事故が起こった以上、具体的な、目の前の除染を含めた脱原発に向かうプロセスは思っている以上に時間がかかるわけです。『それに責任を持って取り組む体制を作ることをしっかり考えていくことが必要なのだ』と考え直したのです」(202頁)と、廃炉作業に人材が必要だから原発は継続する必要があると問題をすり替え、結局推進派に与している。シンポジウム司会者、松谷基和から「日本は今回の事故の体験を踏まえた上で、仮にベトナムが原発をほしいといっても、原発の持つ様々な問題を明確に教えてあげた上で、輸出を断る方が、責任のある行動の取り方と言えるのではないでしょうか? 今の先生の発言は、とりあえずベトナムに原発を売った上で、『お前たちも俺たちと同じ苦労を共にして行こうじゃないか』と言っているように聞こえてしまうのです」と突っ込まれている（204頁）。

また、外交評論家、エネルギー戦略研究会会長であり、南ベトナム政権時代に日本大使館にも勤務し、日本の核燃料サイクル計画を実行して、再処理と濃縮についての権利を獲得すべく対米交渉に従事したことを誇りにする元外交官で、元東海大学教授の金子熊夫は、典型的な原子力ムラの一員であるが、原発輸出に手を染めないのは「一国平和主義」であるとする。以下は「電気新聞」による。「もし日本が輸出を躊躇すれば、当然日本以外の国から輸入するだろう。その場合に、もしこれらの国で将来重大な原子力事故があっても日本は緊急援助に駆けつけることは難しい。また、仮に核拡散上の問題が生じたとしても（中略）、日本は『蚊帳の外』におかれ、影響力を発揮することもできないだろう」（二〇一一年一一月二九日）。「つまり、対外協力は日本自身の安全保障のためにも必要ということだ」（二〇一三年一二月九日）と言う。

また、核不拡散条約（NPT）に未加盟のインドへの原発輸出についても、懸念は対ベトナム以上に強いにもかかわらず、当時の民主党政権の「将来インドが核実験を再開したら日本の対印協力はストップする」という外相発言を批判し、「現実の外交政策としては愚策である」（二〇一一年一一月二九日）、「日本は、インドなどと協力して、NPTを超えた真の核不拡散・核廃絶のための新国際条約を目指して努力すべきで、それが被爆国の道である」とまで言い放っている。少なくない被爆者が激怒しそうな発言である。金子の発言からは、外交的に他国より優位に立ちたいという以上のものは何も伝わってこない。これは事故から八か月ほどしかたっていない二〇一一年一一月時点の発言である。この人は福島の事故がどのような災禍を引き起こしているのか、何も学んでいないのだろうか。

また以下のような、他国民を見下したような発言もある。「インターネット時代、先進国の反原発情報の流入は防げない。例えばインドは、折角原発が完成しても地元の反対で稼働できない状況に陥っている。シン印首相がぼやいているように、欧米の反原発運動家が現地住民を盛んに扇動しているらしい。こうした状況を未然に防ぐには、最初の段階から一般市民に対する十分なエネルギー教育が必要だ。原子力導入によりベトナムがエネルギー安定供給体制を確立し、益々国力を養い、立派な産業国家に成長して行ってくれること。それこそが日越戦略的パートナーシップの狙いである」。「原発輸出は日本に課せられた国際的責務」（二〇一三年一二月九日）という金子は、ベトナムの現地住民がどのような犠牲を払わされようと、どうでもよいのであろう。

これら外国に対して競争心・敵対心をあおる理由づけ、とくに中国を持ち出して日本人の危機感に訴える主張は、反中国感情が高揚し、ナショナリズムの行き過ぎが目立つ今日の日本では、世論に受け入れられやすい側面をもつ。また、これら「中国」要因を強調する理由づけは、アメリカの核をめぐる世界戦略の一端に乗ったものであり、アメリカの日本への要求に忠実に従ったものでもあることに留意したい。坂本恵は、「日本によるベトナムへの原発輸出計画は日越二国間の問題ではなく、その背景には、日本を有効な戦略上のパートナーとしてベトナムへの原発輸出を利用する形で、アジアにおけるプレゼンス維持を確固としたものにしようとするアメリカのアジア安全保障戦略がある」［坂本 2013: 59］と述べている。

坂本は二〇一二年八月に出された「第三次アーミテージ報告」"The US-Japan Alliance, Anchoring Stability in Asia"（米日同盟　アジアにおける安定性の確保）を、以下のように紹介・分析している。アーミテージ報告は、「原子力エネルギーの利用の継続拡大を前提としたエネルギー安全保障を前面に押し出した点に最大の特徴がある。（中略）加えて、『報告』が重視するのは、海外への商業用原子炉の売り込みであり、開発途上国が原子炉の建設を続ける中で日本の原発が永久停止することになれば、『責任ある国際的な原子力開発が頓挫する』と指摘。中国が将来的に国際市場の売り手に台頭するとの見方を示した上で、日米は商業用原子炉推進に『政治的、経済的に共通の利益をもっている』としている」［坂本 2013: 60］。坂本は日本の原発輸出が「中国の地域的プレゼンスに対抗し、アジアにおける優位性を維持・拡大するために、日本の原発輸出を利用するというアメリカのアジア経済戦略の枠組みの中で展開されている問題であることはあらためて銘記されなくてはならない」［坂本 2013: 61］と、日本の原発輸出政策がアメリカの意向に沿ったものであることを喝破している。

そして、金子の提案する「十分なエネルギー教育」は、対ベトナムにおいても着々と進んでいる。第一原発を受注しているロシアが数年前から数百人単位のベトナム人をロシアに渡らせて、原発に関する技術教育を行っていることは報道されているが、第二サイトを受注している日本も、実はすでにさまざまに取り組んできた。たとえば東芝、三菱、日立の原発プラント企業は、ハノイ工科大学で寄付講座や冠講座を開講している。また、東海大学をはじめとして、ベトナム人留学生に原子力工学科で学ばせるルートやプログラムをもっている日本の大学は少なくない。東海大学は二〇〇八年から二〇一二年度までアジア諸国で原子力にかかわる高度な専門家を育成する「アジア人財資金構想プログラム」を行い、ベトナム人技術者の養成にあたっていたが、二〇一二年秋からは、「ベトナム原子力プロジェクト人材育成計画」により、ベトナム電力公社の社員一五人を一期生として受け入れ、二年間かけて東海大が企業などと共同で開発したプログラムを受講するという。東海大の教員や企業から派遣される講師による講義や実習を通して、日本語と原子力の専門知識を習得するほか、原子力発電所などでの研修も行い、実践的なスキルの習得を目指すとしている［東海大学新聞 Web 版］。

## 懸念される問題点――立地と情報公開

ベトナムへの原発輸出の何が問題なのだろうか。まず、日本でも解決できていない放射性廃棄物の処理の問題や、どこに建設するときもリスクとしてついてまわる津波や地震、水害など自然災害があることがあげられる。

日本かフランスが受注するのではないかといわれていたベトナムの第一原発は、潜水艦と抱き合わせたロシアに突如もっていかれた。そのため、日本が二番目に受注できたのも原発に加えて何か「プレゼント」があったのではないかと、NGO関係者は疑念をもっている。その最たるものが、核廃棄物の処理についてである。ベトナム政府から日本に対して出されている六項目の条件（①先進的で実証済みの安全性の高い原子炉の提供、②ファイナンスへの協力、③燃料の安定的な供給、④人材育成への協力、⑤放射性廃棄物の処理・処分方策への支援、⑥ベトナムの産業育成への協力）のうち、とくに五番目が疑念の目で見られている。それは、「継続システム」の適用例となるのではないかという疑念である。

モンゴルに使用済み核燃料などの貯蔵・処分場をつくるという計画が考えられているのではないかと言うニュースは、毎日新聞がフクシマから二か月後の二〇一一年五月にスクープした。報道によってこの計画は頓挫したと考えられていたが、モンゴル研究の今岡良子氏（大阪大）によれば、計画は終わったわけではないのではないかと言う。モンゴルにはウラン鉱山がいくつかあり、ソ連時代に開発され現在はさびれているが、坑道が地下深く何キロも続いており、そこが処分場として使えると考えられているのではないかという疑念である。そして、ウラン燃料の調達から使用済み核燃料の引き取りまでセットで提供する「包括的燃料サービス」を継続的システムにしようとしているのではないかというのだ。（朝日新聞二〇一四年二月「プロメテウスの罠・原発のごみ」）

継続的システムとは、日本がA国に原発を輸出し、そのA国にモンゴルがウラン燃料を輸出し、使用済み核燃料は再びモンゴルに戻すというものである。最初のA国がベトナムではないかと、ノーニュークス・アジアフォーラムなど脱原発NGOは懸念している。

津波については本章第2節でもふれたが、太平洋に面したベトナムの沿岸は台風によって大波に襲われることがしばしばある。二〇一三年一一月にフィリピンを直撃して一万人ともいわれる死者を出した台風は、その後ベトナムにも接近し、沿岸省では大規模な避難が行われた。幸いフィリピンのような大災害には至らなかったが、このレベルの台風がベトナムを直撃した場合、津波と同様の被害を警戒せねばならない。

さらに季節風の影響も考慮に入れなければならない。インドシナ半島では一〇月から翌三月ごろにかけて、北東からモンスーンが吹く。つまり、この期間にベトナム中南部沿岸で原発事故が起こった場合、季節風に放射性物質が乗ってインドシナ半島全域に汚染が広がる可能性がある。とくに、内陸国ラオスではメコン河の魚にタンパク源を頼っている人が多いため、海水魚を食すことができるカンボジアやタイよりもさらに大きな影響を受けるという。日本でも福島の事故後に内陸の淡水魚の汚染度が意外に高いことが報道されたが、これは淡水魚のほうが海水魚よりもカリウムを長時間体内にとどめておく性質があるためである。原発事故が起こると、カリウムと組成がよく似たセシウムを体に取り込み、なかなか排出しないということになる。

これらどこの国に輸出する場合にも解決できない問題に加え、ベトナムの一党独裁に起因する問題も大きい。つまり情報を統制しているため、国民が知る権利を十分行使できておらず、第1節でふれたように、原発反対の行動をとるとすぐに圧力がかかるなど、国策への反対が基本的に許されない状況がある。台湾では二〇一四年三〜四月にかけて、原発に反対する大規模なデモと国会占拠が起き、政府は第四原発の工事停止を決めたが、このようなことはベトナムでは起こり得ない。これについては日越関係の視点から第6節で再度ふれたい。

また、汚職や腐敗が蔓延しているのは有名な話で、その結果、二〇〇七年には手抜き工事のため、日本のODA（政府開発援助）によるカントー橋の橋脚が建設工事中に倒れ、五五人の死者が出た。原発において手抜き工事が決してないとは誰も保証できない。

さらに、満田や田辺らが指摘する実施可能性調査（F／S）の資金使用と出所の問題と、公表された調査の一部についての報告書が黒塗りで結果がまったくわからないものであったという事実は、このベトナムへの原発輸出がいかに不明瞭で正当性がないかを象徴している。詳細は第1章・第2章に譲るが、報告書を目にしたベトナム側関係者によれば、内容はF／S報告書と呼ぶに値しないもので、しかもその場で回収されてしまい、手元には残せなかったという。推進側の日本原子力発電がつくった報告書さえ公表できないということは、よほどの問題が残されていると勘ぐらざるを得ない。また別のベトナム人関係者によれば、「両政府が一緒になって隠しているのだから、出てくるわけがない」そうである。

## ベトナムにおける知識人たちの動向

このように、さまざまな問題が何も解決されず残ったままの原発輸出だが、ベトナム側では、正確な情報や知識を得て原発に反対しているのは、ネット環境のある都会の知識人のさらに一部にすぎない。また、都市に住んでいても、「原子力ムラ」に属していなくても、先進国としてもたなければならない技術の一つと思い込んでいる人や、〝敵〟である中国がもっているのだから対抗上もたないといけないと考える人も少なくない。ベトナムの大学で教員をしている日本人によれば、そのように刷り込まれている若者はかなりの割合にのぼる。

「抗米戦争で国家に尽くした傷病兵」を名乗る暴漢がジエンの研究所に押し入ったことからもわかるように（第1節）、国策に反対することは基本的に許されないうえ、タイアン村周辺の人々の発言からわかるように、とくに地方の農村では政治意識に目覚めている人は都市よりずっと少なく、「お上がやるのだから仕方がない」とはじめからあきらめてしまう人々が大半である。このような状況の下で、原発建設予定地や大衆を巻き込んで国策に対する反対運動を組織することは、事実上、制度的にも無理である。加えて、地方の田舎の人々はインターネットにアクセスする機会がないため情報がなく、あるいは原発自体に関心を抱く機会に恵まれないため、反対運動といえるようなものは起こっていない。領土問題など〝反中国〟マターではナショナリズムを刺激されて国民的に盛り上がり、しばしば法律で禁止されているデモが行われ、政府も見て見ぬふりをする場合があるが、反原発デモが起こることは今のところ想定できない。さらに具体的な被害がまだないため、原発への関心は依然としてかなり低いといわねばならない。

このような現状ではあるものの、知識人のなかには声をあげている人もいる。もっとも有名なのは、ベトナム随一の核エネルギーの専門家とされるファム・ズイ・ヒエンである。ヒエンはダラトにある原子力研究所の所長をしていた人物で、この研究所には一九六三年にアメリカの援助で設置された原子炉（研究教育用）がある。ヒエンは人材が育成できていないことをあげ、時期尚早であると警告し続けた。政府の電力需要予測も過多に見積もっていると批判している。ちなみに、ベトナム電力使用の非効率性は突出しており、ヒエンによれば、二〇一三年のGDP成長率が五・三％にとどまるのに対し、電力消費量は一二・五％も増えている。二〇〇八～〇九年の中国の統計によれば、GDP成長率は一〇％だったにもかかわらず、電力需要は六％増に抑えられているという。それほどベトナムでは節電が国民に浸透していない。彼は福島の事故三か月後の六月に当時の菅直人首相に手紙を書き、原発輸出より再生可能エネルギーにシフトするための技術者養成と節電事業にこそ、日本から援助してほしいと訴えている。

二〇一四年一月一五日にグエン・タン・ズン首相が、二〇二〇年までロシアの援助する第一原発の着工が遅れる見込みとなったと発言した背後には、国際原子力機関（IAEA）の天野之弥事務局長が発言の五日前にロシア援助の原発建設予定地を視察し、「安全が最重要である。急ぐべきではない」などと語ったことなどが大きく影響したとされる。しかし加えて、ベトナムの核エネルギーの権威とされるヒエンの「時期尚早」論が受け入れられたとも解釈できる。ヒエンは原発そのものに懐疑的であるわけではなく、時期尚早と主張しているだけなので、政府内の推進派にも比較的受け入れられやすかった。二〇一四年九月に原発着工が七～九年以上ずれ込むことが正式に決まってからは、もう政府に要求することはない、との立場をとっている。この一月のズン首相の発言を受け、日本の援助する原発もかなり遅れるのでは、と日本の脱原発派には安堵の空気が流れた。しかし、ベトナム政府が脱原発に舵を切ったわけでは決してないことは確認しておく必要がある。

その他、海外在住ベトナム人（越僑）であり、フランス電力会社（ＥＤＦ）の元顧問で経済学者のグエン・カック・ニャンも声をあげている。彼は福島の事故のずっと以前から原発の危険性を指摘している。また経済学者らしく、原発コストが安上がりではないと数値をもって説得的に語っている。

数学者のホアン・スアン・フーは、日本の原発の事故調査報告書（英語）を複数読んでおり（事故調査報告書は、国会、政府、東電、民間と四つある）、「日本は過酷事故を起こしたのに、なんでそんなものを外国に輸出するのか、事故が起こったらベトナム人は、日本が責任を負うべきだと責めることになる」と筆者のインタビューに答えて語った。ベトナムは二〇三〇年までに一四基の原発を建設する予定だが、すべて完成したとしてもそれによってまかなえる電力は、必要な総電力量の七・八％にすぎない（ちなみに福島の原発事故前の日本の原発依存率は二三・八％であった。もっとも高いフランスは七六・四％である）。フーは「一〇％にも満たない需要のために原発を建設するのは、利益よりリスクのほうが大きい。その程度なら原発が稼働する予定の十数年後には、さまざまな代替エネルギーを組み合わせてまかなえるのではないか」と発言した。

現役国会議員で歴史学者のズオン・チュン・クオックは、二〇一三年三月の筆者のインタビューに「日本の研究者たちがベトナムのことを心配してくれるのはありがたいが、ベトナムは電気が足りていないのだ。他の外国から原発を輸入するぐらいなら、日本から輸入したほうがましだろう」「ベトナム国会ですでに決議したことだから、くつがえすのは相当に困難だ」などと答えた（二〇〇九年一一月二五日にベトナム国会では、第一・第二原発の建設を決議したが、このときクオック自身は白票を投じた）。クオック議員は、二〇一三年一一月の訪問時には、「ベトナムにもすでに原発で儲かる集団ができており、彼らを説得して翻意させるのは限りなく難しい」とし、より反対に傾いているように思われた。加えて「日本が今後原発を再稼働するなら、日本の研究者がベトナムに来て『原発は危ない』とか『やめておいたほうがよい』とかいろいろ言い、ベトナム国民に原発反対を訴えても説得力がない。日本が原発ゼロを決断し、原発なしでも経済活動が可能であるというモデルを示してくれれば、ベトナムでも原発計画を見直す可能性が生まれるかもしれない」と発言した。あまりに的を射た発言であり、筆者は絶句し返す言葉がなかった。

本書にコラムを寄せてもらったグエン・ミン・トゥエット・ハノイ国家大学人文社会大学元副

学長は、元国会議員でもあり、国会の投票時には反対票を投じた。教え子のグエン・スアン・ジエンのブログにて、意見を発表している。

以上のように、ベトナムの知識人のなかに三～四年前あたりから、政権に対しモノを言う人が複数出てきているのだが、これはネットの普及によるところが大きい。冒頭で述べたジエンのように自身でブログをもち、自由に意見を表明し、あるいはマスコミの扱わない（扱えない）ニュースを載せる（自分で取材することもあるし、当事者から持ち込まれることもある）ことで人気のあるブロガーが存在するが、ブログはしばしばハッキングされて破壊されることもある。ブログには、研究者や記者など誰が書いているかはっきりしているものから、ズン首相から「害が大きいから見るべきではない」と批判を受けながらも存続している、書き手がわからないが政権内部の事情を暴露するものまである。

ブロガーは比較的若い年齢層なのでまだ「小物」が多く、逮捕の危険がある一方、彼らのブログによく登場する六〇～七〇歳代の引退した研究者などは、公安の監視がついていても、もう逮捕・拘束される恐れはほぼない。そのため、言いたいことを言うようになる重鎮の体制内知識人が増加している。彼らのなかには、歴史家のズオン・チュン・クオックのように現役の国会議員もいる。二〇一三年にはネット上に「市民社会フォーラム」というページも設けられ、さまざまな人がいろいろな意見を投書し討論する機会も生まれた（二〇一四年五月初めに政府により強制閉鎖され、フェイスブックでのみ継続している）。ネットの普及により、都市住民を中心にした「市民社会」が形成されつつあるといえるだろう。

ベトナム人によれば、国会決議を経て建設が決まってしまったことが原発建設計画撤回の最大の障害となっているという。しかしもし、中止させることができるとしたら、彼ら体制内有力者と連携し、市民社会に向けて福島の現状を伝えたり、原発の危険性を訴えたりしていくことを通じてであろう。

## 日越の「もたれあい」を超えた連携を

原発輸出がまずベトナムをターゲットに推進された背景には、日越政府のもたれあいの関係、お互いの負の部分に目をつぶり、都合よく利用し合う関係がある。たとえば、ベトナムは中国や韓国のように日本の過去を非難することなく、いつも支持してくれる。日本が国連安全保障理事会の非常任理事国に立候補すると必ず支持し、二〇一三年に話題となった東京オリンピックへの立候補に対してもそうである。日本占領下で一九四四～四五年の冬に北部で大飢饉が起こり、「二〇〇万人餓死事件」とベトナムでは呼ばれるほどの犠牲者が出たのに、これまで外交の場でそれをもとに日本を批判したことは一度もない。日本のODAにも素直に感謝の意を表明してくれる。これまで、ODAなどの借金もスムーズに返済し、ベトナムに対する日本政府の信頼は厚い。経済指標はここ数年期待ほど伸びていないが、日本では中国投資のリスクの分散地として相変わらず宣伝されるだけで、経済状況の停滞についてはほとんど報道されない。

一方、ベトナムにとって、日本は金を出すが口は出さない、つまり長期にわたりODAの最多供与国でありながら、人権抑圧に対してまったく非難しない、やはりとても都合のよい国である。最近では領土紛争など、中国をめぐる問題でも日越は利害を共有しており、中国と同様の人権侵害がベトナムで行われていても、日本では非難どころか言及も報道もされない。そこには批判し合わない「もたれあい」の構造が出来上がっている。

このような「良好」な日越関係のなかで、日本からの原発輸出が強力に推進されようとしている。端的にいえば、日本政府は、ベトナムの情報統制や言論・集会の自由の制限など非民主的状況に目をつむったまま、反対運動などが起こらないのをよいことに、自国内では見込めなくなった技術の維持を図り、一部企業のための経済的利益を目指し、アメリカの安全保障政策に追随して原発を輸出しようとしているわけであり、他の国に輸出するよりいちだんと倫理性を欠き罪深い。

二〇一三年一月には、安倍首相が就任後最初の訪問国としてベトナムを訪れた。首相はASEAN（東南アジア諸国連合）外交の原則として「自由、民主主義、基本的人権など普遍的価値の定着と拡大に努力していく」と述べたが、ズン首相との会談では「戦略的パートナーシップ」を謳（うた）い、原発輸出を含むインフラ投資と、中国をにらんだ安全保障協力の話に終始した。ちょうどこの訪問の直後、ベトナムの国会議員団がイギリス国会を訪問した。もちろん経済や投資の話も出たが、イギリス人議員からはまず、宗教の自由の侵害、一党独裁の継続、ブロガーの相次ぐ逮捕など、ベトナムの言論の自由や人権侵害への言及があり、ベトナム側が回答に追われる一幕もあった。都合の悪いことには目をつむって経済的利益だけを追い求める日本と、言うべきことは言うというイギリスの、国家としての対ベトナムのスタンスの違いが浮き彫りになった。

これに対し、ベトナム共産党内の「多様性」に期待をかけ、原発計画批判がベトナム国内でも行われていることをもって、共産党の一党支配下では政治的発言の自由がないと断じるのは一面的な見方であるという趣旨の意見がある。たしかに、ベトナム共産党は一党独裁の支配体制をとっているが、党内には集団指導体制の伝統があり、北朝鮮のように絶対的権力を独占した個人が世襲で独裁を継続するような事態は考えられない。そのような体制のベトナム共産党内に意見の多様性があるのは、ある意味当然である。また、国家の統治が強力に末端まで貫徹されないことが多く、とくにドイモイ（刷新）政策が軌道に乗ってからは、治安にかかわらない問題では、地方レベルが勝手な動きをしても、具体的な実害がでないかぎり国家が目をつむっていることも多い。そのような統治構造では、がんじがらめに一般民衆を支配することはできず、言論の自由がゼロというわけではもちろんない。

しかしながら、「秘密保護法」などが国会で可決されてしまう国の人間が偉そうに言える立場にないが、国家が情報操作をし、言論の自由を制限し、国民のなかに情報格差を生み出していることこそが、大きな問題なのである。二〇一四年度の報道の自由度ランキングで、ベトナムは一八〇国中一七四位である［Viet-jo 2014.2.14］。ニントゥアンの建設予定地の人々は恐怖政治におののいているのではなく、負の情報を与えられていないので、声をあげないという側面が非常に大きい。ベトナム国内で活動する民主活動家に、ある日本人研究者が「ニントゥアンの建設予定地の人々に、都市知識人から情報を伝えるようなネットワークをつくったらどうか」と提案したところ、「そんなことをしたら、捕まってしまう」という答えが返ってきたという。人気のあるブロガーは、「真のニュースを伝えることが自分の役割、ひいては国のため」と逮捕の恐怖を抱えながら発信を続けている。その事実を軽視していては、つまりベトナム社会に「モノ言えば唇寒し」という圧力に常にさらされている知識人層がかなりの数存在していることを考慮しないのは、やはりベトナム社会を正しく理解することにつながらない。ジエンが呼びかけた署名に応じた人々のところには、後で公安が自宅にやってきたという。デモに参加するには、後からさまざまな圧力がかかることを覚悟しなければならない（ちなみに大学生のデモ参加は禁じられており、退学処分の恐れがあると大学から警告されている）。一九九〇年代に減っていた政治犯がここ三年ほど急増しており、ブロガー三〇～四〇人のほか、記者や弁護士などにも逮捕者は広がっている。つまり、政治的に覚醒する人が増え、言論活動をする人も増えてきたがために、政治犯も増えているのが現況なのである。

推進派の坪井教授は、以下のように述べる。

二〇一一年一月のチュニジアの政変から始まる「アラブの春」以降のベトナム自身の変わりようは日本の常識を超えています。（中略）たとえば今、憲法改正論というのがあります。第四条の「共産党の指導」というところをカットする、から始まって、デモを届け出制にして認めるとかが本気で議論されています。（中略）フェイスブックを来年の二〇一二年には認める方向で議論が進んでいます。（中略）来年度中にはデジタル化も進み、いくら規制してもフェイスブックを含めて情報管理が当局ではできないと匙を投げた形で規制緩和を進める予定です。（中略）科学技術省の大臣となったグエン・クアンさんから聞いたところ、毎日日本のＪＩＮＥＤＯ（国際原子力開発）の人たちに科学技術省に行ってもらい、福島第一の事故状況や放射能濃度を説明してもらっているし、ベトナム独自の情報を取って、今、具体的に何が起こっているかということを調査して、それもベトナム国民に情報として出している、とおっしゃっていました。〔小口 2012: 207〕

「アラブの春」についてのベトナムの報道は、一万人の労働者がリビアから命からがら脱出してきたというリポートにすり替わっており、「春」に関する報道はほとんどなかった。また、憲法改正については、たしかにパブリックコメントを募集していたが、一生懸命書いても何も取り上げられない日本と同様、パブリックコメントは国民の不満のガス抜きのためにあるのであり、形式的なものである。共産党の指導に関すること、誰のための軍隊か（共産党に尽くすのではなく、国民のための軍隊なのではないか）など論議になった部分は何も変わらなかった。二〇一三年一二月現在、フェイスブックはハノイ市ではつなぐことができないことのほうが依然として多い。つまり、共産党のなかに民主化に理解を示す意見があろうとも、それはあくまで少数派にすぎず、統治の中身はそう簡単には変わらないのが実情である。

また、ベトナムへの原発輸出について批判するのは内政干渉ではないかという反論があり、問題を感じている人でも「ベトナムのエネルギー政策は、ベトナムの主権に属する問題であるが」と断りを言ってから、懸念を伝えるケースがよく見られる。「原発政策に意見するのは内政干渉ではない。何より事故が起こるとその影響は一国内にとどまらない。日本自身が当時、韓国にも放射能の雨を降らせ、今も依然として高濃度の汚染水を海に垂れ流し、世界中に迷惑をかけ続けている。ベトナムで事故が起こった場合、季節風のために影響はインドシナ半島全体に及ぶといわれており、そのため、タイのＮＧＯのなかには強力にベトナムの原発建設に反対しているところもある。だから、懸念を伝えるのに前提条件などつける必要はまったくない」という筆者の発言に対しても、以下のように批判された。「自分ならこのような発言は、ベトナム当局者に内政干渉であると反撃の余地を与えることを心配するし、権力者でないベトナム人が反発することを恐れる」。

しかしこの考え方は、国境を超えた脱原発運動を否定することにつながろう。カネも権力も併せもつ推進派に抵抗するには、脱原発運動も国境を超えて連帯しなければならないし、原発輸出

（輸入）問題はとくにそうである（相手はベトナムだけでなく、ベトナムに輸出しようとしている韓国などや、日本の輸出ターゲットになっているトルコやインドなどとも、広く連携していければよい）。そして、このようなベトナム政府の顔色をうかがうような態度は、日本政府のベトナムとのもたれあい政策に結局加担することになる。ちなみに、複数の知り合いから、「我々が自分たちの政府に直接言えないことを、かわりに言ってくれてありがとう」「ベトナムに入れなくなると困るだろうに、勇気を出して反対してくれて感謝している」と、「権力者でないベトナム人」から感謝されていることを付け足しておきたい。

また、ベトナムに輸入をやめるように働きかけるより、まずは日本側が輸出を止めるべきだという主張があるが、たとえ日本が輸出をストップすることができても、ベトナムはフランスや韓国など他国から輸入するだけではないかという推進派の質問にどう答えるのであろうか。筆者ももちろん、ズオン・チュン・クオックが述べていたように日本がまず再稼働をやめ、輸出をストップさせることが日本にいて取り組むべき最重要課題だと思うが、同時にどこの国からであれ、ベトナムに原発輸入自体を断念してもらわないと、ベトナム国民にとって結果は同じであろう。日本政府に対しても、ベトナム政府に対しても、断固として原発輸出（輸入）に反対し、止めざるを得ないようになるよう世論に働きかけていくことが必要だと考える。

《参考文献》

Kết quả khảo sát mức sống dân cư năm 2010, Tổng cục thống kê (General Statistics Office), NXB Thống kê. Tr.240-249（http://www.gso.gov.vn/Modules/Doc_Download.aspx?DocID=15084）（二〇一四年一一月二〇日閲覧）

GS Phạm Duy Hiển: "Hoãn dự án hạt nhân là quyết định bản lĩnh và sáng suốt" (03/02/2014)（http://nguyentandung.org/gs-pham-duy-hien-hoan-du-an-hat-nhan-la-quyet-dinh-ban-linh-va-sang-suot.html）（二〇一四年一一月二〇日閲覧）

Dự án Trung tâm hạt nhân nửa tỉ USD sẽ được đặt ở đâu? (19/08/2013)（http://laodong.com.vn/sci-tech/lam-dong-so-trung-tam-hat-nhan-nua-ti-usd/133611.bld）（二〇一四年一一月二〇日閲覧）

朝日新聞（2014）「プロメテウスの罠・原発のごみ」（①「モンゴルの仮面青年」二月一一日大阪朝刊一四版三頁、②「ヒロシマは学んでも」二月一二日大阪朝刊一四版三頁、③「供給も　後始末も」二月一三日大阪朝刊一四版三頁）

毎日新聞（2013）「原発輸出の不誠実」（戸田栄記者、特集ワイド）三月二五日東京夕刊三版二頁

電気新聞（2014）「ベトナムの原子力慎重姿勢で延期か」三月五日、二頁

伊藤正子（2012）「ベトナムの建設予定地は豊かなビーチ　ここが原発の輸出先だ」『ＡＥＲＡ』六月四日、四五頁

伊藤正子（2013）「ベトナムへの原発輸出　地元の声抑圧されたまま」中国新聞オピニオン一二月四日、六頁（http://www.hiroshimapeacemedia.jp/mediacenter/article.php?story=20131204103650746_ja）

伊藤正子（2013）「非人道的なベトナムへの原発輸出」『広島ジャーナリスト』第一五号、五五～六一頁

伊藤正子（2014）「ベトナムへの原発輸出問題」『京都民報』第二六二三号、一四頁

金子熊夫（2011）「原発輸出に踏み切るべき時」『電気新聞』一一月二九日、一四頁
金子熊夫（2013）「日越戦略的パートナーシップ」『電気新聞』九月一八日、一六頁
金子熊夫（2013）「ベトナム、環境、原子力」『電気新聞』一一月五日、一〇頁
金子熊夫（2013）「原発輸出反対論の問題点」『電気新聞』一二月一九日、八頁
金子熊夫（2014）「再処理問題と原子力外交」『電気新聞』二月一三日、一二頁
窪田秀雄（2013）「『原子力強国』へ突き進む中国　日本は輸出強化を」『WEDGE』六月号、八～一〇頁
小口彦太ほか編（2012）『3・11後の日本とアジア――震災から見えてきたもの』めこん
坂本恵（2013）「福島原発事故の教訓からみた、ベトナムへの原発輸出の課題」『福島大学地域創造』第二五巻第一号、四四～六二頁
坪井善明（2012）「3・11後の日本とアジア――震災から見えてきたもの」『ワセダアジアレビュー（Waseda Asia Review）』第一一号、七二～七四頁（坪井の見解については以下も参照「第2セッション　アジアにおける原発問題――『協力』の背後にあるもの」［小口 2012］）
中村梧郎（2013）「ベトナムへの原発輸出問題――日本は海外に原発を売ってはならない」『法と民主主義』第四七六号、三四～三八頁
服部良一（2012）「原発輸出、モンゴル核処分場構想について」『「いのち」の政治へ――国会体当たり奮闘記』東方出版、二四〇～二五八頁
古田元夫（2013）「第九章　ベトナムの原発建設計画と日本」研究会「戦後派第一世代の歴史研究者は21世紀に何をなすべきか」編『「3・11」と歴史学』21世紀歴史学の創造別巻Ⅱ、一九六～二一一頁
吉井美知子（2013）「日本の原発輸出――ベトナムの視点から」『三重大学国際交流センター紀要』第八巻、

三九～五三頁
吉本康子（2012）「波の神を祀る人々」『月刊みんぱく』五月号、二二～二三頁
第三次アーミテージ報告 "The US-Japan Alliance, Anchoring Stability in Asia"（米日同盟　アジアにおける安定性の確保）（http://csis.org/files/publication/120810_Armitage_USJapanAlliance_Web.pdf）（二〇一四年一二月二〇日閲覧）
送電ロス国際統計（http://www.globalnote.jp/post-3711.html）（二〇一四年一二月二〇日閲覧）
ベトナム電力調査二〇一三　ジェトロハノイ事務所、九頁（https://www.jetro.go.jp/jfile/report/07001271/vietnamelectricity2013-2.pdf）（二〇一四年一二月二〇日閲覧）
ベトナムの原子力導入へ向けての活動状況について（原子力委員会）（http://www.aec.go.jp/jicst/NC/iinkai/teirei/siryo2013/siryo34/siryo3.pdf）（二〇一四年一二月二〇日閲覧）
みずほアジアンサイト「ベトナムの電力不足問題」（http://www.mizuho-ri.co.jp/publication/research/pdf/asia-insight/asia-insight060928.pdf）七頁（二〇一四年一二月二〇日閲覧）
「ベトナムの原子力人材育成に協力――企業と連携し教育プログラムを展開」『東海大学新聞』二〇一二年一〇月一日号 Web 版（http://www.tokainewspress.com/view.php?d=479）（二〇一四年一二月二〇日閲覧）
Viet-jo ニュース「報道の自由度ランキング、ベトナムは１８０か国中１７４位」二〇一四年二月一四日配信（http://www.tokainewspress.com/view.php?d=479）（二〇一四年一二月二〇日閲覧）

※本書の原稿が出揃った段階で、鈴木真奈美『日本はなぜ原発を輸出するのか』（平凡社新書、二〇一四年

八月）が刊行された。本文には反映できなかったが、日本側から見た原発輸出については同書が詳細に分析している。原子力輸出を通じた〝米国主導〟の核拡散防止という米国による政策が、日本の原発輸出に大きく影響していることなど重要な指摘をし、原発の「平和利用信仰」を戒め原発輸出による日本の加害者責任を問うていることを付け加えておきたい。

コラム3

## 民族の生命を外国技術の賭けの対象にはできない

グエン・ミン・トゥエット◎伊藤正子訳

### 原子力発電を行うなら我々は疲弊する

ニントゥアンの二つの原子力発電所建設計画は、二〇〇九年一一月の第七期国会第六回会議に、政府によって提出されたものである。そのとき、私は反対意見を述べた一人であり、この計画に賛成票を投じなかった三九人のうちの一人である。賛成しなかった三九人以外に、一八人が白票を投じたと記憶している。

経済・社会発展計画は、必要性、実現性、計画の影響の三つの方面から評価されるべきである。したがって、まず原発の計画の必要性について考えてみたい。

ベトナムのGDP成長率は、政府の報告書によれば年平均八~九%であるので、エネルギー需要は二〇二〇年には三八〇〇億キロワット/時で、二〇一〇年の四倍になるとしている。そして、その間にベトナムでは火力発電の燃料としての石炭は枯渇し、水力発電所を新たに建設する余地もなく、風力発電、太陽光発電はコストが高いので、急速に増大するエネルギー需要をまかなうためには原子力発電をやらなければならないとしている。しかし、実際は我が国のGDPの平均成長率は年に六~七%にすぎず、現在のように財政困難で経済が危機的状況のなかでは、より高い経済成長率を達成できる可能性は大変低い。電力不足の解決のために、まずベトナムは積極的に浪費を減らし、電力使用の効率を高め、また主体的にGDPの成長率を減らさなければならないと私は考える。

何年もの間、GDPを増大させるため、我々は投資を引きつけてきたが、逆に、民は土地を失い、環境は破壊されてきた。労働者は、仕事はあるものの給料は一月に一二〇~一五〇万ドン(訳注:約六〇〇〇~

七五〇〇円）しかない。投資した資金は多いが生産効果は低い。現在ベトナムのＩＣＯＲ（訳注：限界資本係数のこと。新たにつくりだそうとする生産物の価値の量を、限界まで小さくしたと仮定した場合に、必要な設備投資額がいくらかを知るために編み出された数値）の数値は七、つまり七〇〇〇ドンかけて一〇〇〇ドンを儲けているにすぎない。国家経済地域ですらこの程度の数値しかなく、九一〇〇ドンもかけて一〇〇〇ドンしか稼いでいないところさえある。このまま投資効率を高め汚職と浪費にあらがうことができなければ、大きく成長すればするほど損失が増大するということになる。

二つ目は原発計画の実施可能性である。これは実施可能性のない計画である。人材面を見れば、我々にはまだ原子力発電の技術幹部は一人もいないし、専門家はいうに及ばずである。現在、我々は幹部を選んで原発について学ぶために海外に行かせている。しかし、原発について学ぶには長い時間を必要とするだけでなく、工業というもののやり方（進め方）、つまりはまず、技術性、重要性、正確性を学ばなければならない。工業のやり方について正直にいえば、ベトナム人自身に限界があることは明らかである。たとえば、多くの人々が交通にかかわるが、道路上に警察官はおらず、赤信号を無視し、逆方向に走るのを目にせざるを得ない。放射性物質の入った箱を盗んで家に持って帰ったり、売ろうとして誰も買わなかったら薪にして燃やしてしまおうとする人さえいる。そのように社会に規律性が乏しいなかで、それに影響を受けずに、原発のために働く人材、周辺で働く人材を育成するなどまず無理である。

原料に関しては、ベトナムは外国から輸入しなければならない。統計によれば、世界のウラン埋蔵量は約一五〇〇万トンしかない。現在世界中で動いている四四〇基の原子炉を数十年動かせるだけである。そうであるなら、ウランが逼迫するようになると価格が限りなく高騰するだろう。そのときには必ず、我々は使用できなくなり、原発をやめなければならなくなる。

タイアン村住民の移住予定地に建てられた看板の絵。夢のような町ができるかのごとく描かれている（伊藤正子撮影）

三つ目は原発計画の影響である。まず財政への影響についていわせてほしい。ニントゥアンの二つの原発建設の経費は、国会の決議では一三二億ドル、二〇一四年の相場では二八〇兆ドンに相当する。しかし国会はもっと安全な技術を用いるように要求している。国会の討論では、多くの議員がそのような安い価格で建設できるはずがないと確信していた。実際、ベトナムはロシアと政府間協定を締結しており、そのなかで約八〇億ドルをニントゥアン第一原発の建設資金としてロシアから借りるという約束をしている。さらに日本との間でも、日本の企業が二つ目の原発を建設することで同意しているが、価格はやはり安いものではない。一つの原子力発電所あたり二〇億ユーロ前後という廃棄物を埋め立て処分するための費用については、まだ話し合われてもいない。（四〇～五〇年とされる）使用期限が切れたときに原発を廃炉にする費用も、自動車を一台廃車にする費用とは比べものにならない。ホアン・スアン・フー教授によれば、ドイツでは六基の原子炉を廃炉にするために、四一億ユーロもかかったという。正直にいって、もし原子力発電を行うなら、我々は疲弊してしまうだろう。

　社会への影響について繰り返しておかねばならない。原子力発電を行うには、我々は必ず借金をしなければならない。ＯＤＡ（政府開発援助：返済はゆっくりでよい援助で、低利あるいは無利息）で借りられる可能性はない。そのようなかで、ベトナムの負債はＧＤＰのおよそ六〇％にものぼっている。非常に重い負債を背負い込むと、次第に社会が不安定化していくであろう。人々、とくに原発の影響を直接受ける地域の人々の不安な心理については、まだ指摘されていない。自身の故郷への原発の影響について憂慮している心情を反映した、チャム人詩人のインラサラ氏の諸意見を私は読んだが、これは注目すべきものであると思う。

## 祖先は励ましてくれるだろうか？

　次に、我々が期待するような完全な技術なら、本当に災害を減らすことができるかどうか考えたい。福島の原発事故を引き起こした地震と津波は、それ以前には、人々に天災の過酷さと結果を想像させることができなかった。目前の災害から自身のために教訓を引き出すのがもっとも望ましい。祖先は我々に非常にはっきりとしたかたちで知らせ、神秘的な力で悟らせてくれたと私は思う。我々が中部高原でボーキサイト計画の展開を準備していたときに、ハンガリーで赤いヘドロの災害が起こり(注)、高速鉄道の建設を決定すると、中国で多数の高速鉄道の事故が起こり、原発建設を決めると、日本で原発事故が起こった。そんなに警告が連続して起こっているのに、警告が十分ではないなどという理由はない。だからどんなに高度な技術であってもリスクはあるということを覚えておかねばならない。たとえば、日本の専門家が設計し施工を指導していたカントー橋は崩壊したし、フランスの先進的な技術によるズンクアット製油所は不安定で、落成時から現在までずっと、閉鎖したりまた開いたりを繰り返している。我々は民族の生命を外国の技術の賭けの対象にすることはできない。もし逃れられるなら、努力して逃れたほうがよい。災難は自然からも起こるが、人間の不注意からも起こる。チェルノブイリがその不注意の典型例である。

原子力発電を行わなければベトナムは次第に深刻になっている電力不足の状況を克服できないという意見があるが、それは間違っている。二つの原発で発電予定のエネルギーは、国家の総エネルギー量の四%に貢献するのみであり、我が国の電力浪費は非常に大きい。生産においては、ベトナムでは毎時一キロワットを使って〇・八ドルしか生み出さないが、日本では四・六ドルを、シンガポールでは三・四ドルを、インドネシアでは二・七ドルを、フィリピンでは二・一ドルを生み出す。電力がより効果的に使用されているところでは、平均の電力消費増加率は(発電所の増設や現在ある発電所の規模拡大で)、日本ではここ数年、毎年〇・八%にすぎず、シンガポールが四・四%、インドネシアが六・三%、フィリピンが四・六%であるのに、ベトナムでは一四・四%で、中国の一三%より高い。二〇二〇年に三八〇〇億キロワット/時を達成するためには、我が国は年に一七%も電力エネルギーを増やさなければならない。しかし、もし電気使用の効率を上げられないなら、必要なエネルギーはますます増加して不利益も増大する。

ホアン・スアン・フー教授によると、核廃棄物を埋めたり使用期限を過ぎて原発を廃炉にしたりする経費も含めるなら、原子力発電を行うための総費用は火力発電の四三倍、ガス発電の四一倍、海沿いの風力による発電の二七倍にも跳ね上がる。そういう状況のなか、ベトナムの二つの原子力発電所に投資される予定の二〇〇億ドル以上で、ニントゥアンの二つの発電所の四・六倍にあたる一八・七五〇メガワットの出力の火力発電所を我々は完成させることができる。

## 再生可能エネルギーこそ推進を!

ベトナムは科学技術の発展した二国、ロシアと日本を最初の原子力発電所の建設を援助する相手国として選んだが、これらは最大の原発災害に遭った二国でもある。私が知り得るかぎりの情報からは、なぜこの二国を選んだのかはっきりわからない。より重要なのは、なぜ我が国が原子力発電の推進を堅持しているのかよくわからないことである。ドイツ、ベルギー、スウェーデン、スペイン、イタリアなどのいくつもの発展した国家が、原子力発電のさらなる推進政策をやめたというのに。

グエン・クアン科学技術大臣は、新聞のインタビューに直接答えて、正式に二〇一四年には原発は始められないと発表した。ダラトの原子力研究所のファム・ズイ・ヒエン元教授は、延期しなければならない期間は少なくとも一〇年、一定の経験を経てから原子炉を運用しなければならないと言っている。ベトナムは、他の技術よりずっと危険なこの原子力発電という分野で業績をあげることを、なぜか密かにねらっている。世界では誰も我々にこんなに競うように促してはいない。逆に我々はなぜ世界の先進的な国々がそうせずに、原子力発電から撤退しているのか研究するべきであろう。

熱帯の一国なのだから、我々は風力エネルギー・太陽エネルギー発電の見識を深め、研究をするべきであって、原子力発電を推進するべきではないと私は考える。最初のコストはおそらく高額だろうが、改善ができれば技術は安くなる。数年前、私はヨーロッパに行ったが、オランダが至るところで風力発電を行っており、ドイツでもあらゆるところにソーラーパネルがあるのを目にし、いつか風力発電や太陽光発電が我が国でもさかんになればよいと強く思った。

（注）
二〇一〇年一〇月にハンガリーで起こった、アルミニウム工場から大量の赤泥が流出した事件を指す。アルミニウムを精製すると酸化鉄が含まれる赤泥が出るが、これには重金属など毒性が強い物質が含まれる。ハンガリーの事故では、近隣地域に流れ込んで死者を出しただけでなく、ドナウ川にも達して被害を出した。

# 第6章

## 差別構造を考える

### ――私たちにできること

吉井美知子

原発は差別で動くといわれている。では日本からベトナムへの原発輸出計画についてはどうか。これもやはり差別を前提に、誰かを足蹴にしてやっと動くような事業なのか。「原発輸出は差別である」と言われたら、とっさに自分が差別する側だと思い込む日本の私たちは、はたしてそんな単純な構造のなかにいるのだろうか。本章では、差別の定義や日本での原発の差別構造について述べた研究を参考に、日本からベトナムへの原発輸出に内包されるさらに複雑な差別構造を明らかにしたいと思う。

その差別構造が明らかになったところで、構造のなかにしっかり組み込まれている日本の私たちはどうするのか。筆者を含む日本人ベトナム研究者としては何ができるのか、そしてさらに、とくにベトナムを研究しているわけではない日本の一市民としては何ができるのか、この最終章で考えてみたい。

## 差別について

「差別」というテーマに関しては社会学者により数々の研究がなされていて、その定義もさまざまある。

一九六〇年にユネスコが採択した「教育における差別待遇の防止に関する条約」のなかでは、アルベール・メンミ（Albert Memmi）による定義をもとにして、「何らかの区別、除外、制限又は優遇であって、人種皮ふの色、性、言語、宗教、政治上その他の意見、国民的若しくは社会的出身、経済的条件又は門地に基づき、教育における待遇の平等を無効にし又は害すること、及び、特に次に掲げることを目的又は結果として有するものを含む。（中略）(d)人間の尊厳と両立しない条件を個人又は個人の集団に課すること」［UNESCO 1960］という定義が第一条第一項に掲げられている。このメンミという人はチュニジア生まれの作家、社会学者だが、ユダヤ、地元先住民族、ヨーロッパの血を引き、国籍はフランスだという。自身が経験した人種差別を契機に差別研究に入ったのだという。

右のユネスコの定義は教育についての差別を対象としているが、より一般的な差別の定義として、山田富秋は、「社会のあるカテゴリーにあてはまる成員を、本人たちの生きている現実とは無関係にひとくくりにして、価値の低い特殊な者とみなすことによって、彼らを蔑視したり、虐待したりすることである」（山田 1996: 77）を掲げている。

本章のテーマである原発に関連した差別については、八木正の著書『原発は差別で動く――反原発のもうひとつの視角』が参考になる。このなかで八木は「原発に内在する差別の連関構造」として、①ウラン採鉱にともなう原住民労働者の被ばくと居住区の放射能汚染、②原発立地の「過疎」地差別の構造、③炉心下請労働者の被ばく問題、④核燃料廃棄物にかかわる「辺地」の犠牲、という四点をあげている［八木 1989: 5-36］。この著作は一九八九年のものであるため、原発立地の推進過程における差別を中心に述べていて、二〇一一年の福島事故後の被ばく者差別については言及がない。

高橋哲哉の著書『犠牲のシステム　福島・沖縄』では、この差別構造を「犠牲のシステム」と呼び、「差別する者」「差別される者」をそれぞれ「犠牲にする者」「犠牲にされる者」と言い換えて論じている［高橋 2012: 27］。福島事故後の論述であるため、福島ナンバーの車がガソリンスタンドで給油を拒否される等の福島県民差別にも言及がある［同前：49-52］。

八木のいう原発にかかわる差別とは、すなわち「ウラン鉱山のある場所に住む者」「原発立地の過疎地に住む者」「下請労働者であること」「核燃料廃棄物の貯蔵・処理施設の近くに住む者」という、ユネスコのいう「社会的出身者」あるいは山田のいう「社会のあるカテゴリーにあてはまる成員」が、「人間の尊厳と両立しない」被ばく労働や原発関連施設の受け入れを強いられることによって「蔑視し、虐待される」ことを指している。

本章では以上のような「差別」に関する定義や論述を参考に、八木のいう②原発立地の「過疎」地差別の構造を言い換えて、「差別することにより利益を享受する者 vs. 差別され人間の尊厳を傷つけられる者」という対立のかたちで表現し、「電気を消費する大都市 vs. 危険な原発立地自治体」とした。また八木の③炉心下請労働者の被ばく問題を「原発で儲ける大企業 vs. 数次孫請けの被ばく労働者」と言い換えた。そして、それぞれが差別構造であることを前提に話を進めていく。

## 原発輸出が内包する差別構造

### 1 日本では

八木の著書は3・11以前に出たものなので、原発立地を推進するうえでの差別が中心に述べられているが、その後福島事故が起こり、右の②にあげた「原発立地の『過疎』地差別の構造」は非常にわかりやすいかたちで私たちの目に入ってきた。主として東京の人々が使う電気を、東京ではなく、そして東京電力の管内でもない福島で生産するという、「危険なものは過疎地へ」という構造だ。これをここでは「電気を消費する大都市 vs. 危険な原発立地自治体」という対立構造で示してみようと思う。

また原発は、たとえ事故がまったく起こらず順調に運転していても、定期点検時には必ず被ばくをともなう労働が発生するという。それを行う労働者は数次孫請けの日雇いで、安月給で命を削りながら働くこととなる。片や、電力会社、原発メーカー、建設会社等の企業は、政治家、官僚、マスコミ、学者と団結してぼろ儲けになるように仕掛けられている。これがいわゆる、政・官・民・マスコミ・学の五者で形成される、原発推進の「鉄の五角形」である。この企業と労働者の関係も対立構造で表現すると、「原発で儲ける大企業 vs. 数次孫請けの被ばく労働者」という差別になる。

### 2 ベトナムでは

ここで、日本国内でこのような差別構造をともなう原発をベトナムに輸出したときにどうなるか、考えてみよう。まず、「電気を消費する大都市（東京）vs. 危険な原発立地自治体（福島）」は、そのまま輸出されて、「電気を消費する大都市（ホーチミン市）vs. 危険な原発立地地域（ニントゥアン省）」となる。さらに「原発で儲ける大企業＋汚職で儲ける人々 vs. 日雇いの被ばく労働者」もそのままである。企業の儲けだけではなく、汚職が加わるところがベトナムの特徴であろう。

また、ベトナムでは立地地域の一部が先住少数民族チャム人の聖地であることから、「多数民族キン人 vs. 少数民族チャム人」という新たな差別構造が加わる。まるで日本の原発問題と沖縄の基地問題を一括したような構造である。第1節で言及した高橋の著書『犠牲のシステム　福島・沖縄』では、福島の原発と沖縄の基地がともに犠牲のシステムで成り立っているとして、両者を並列して論じているが、日本で国土の〇・六％の面積を占める沖縄に在日米軍基地の七四％が立地するという現状は、「構造的差別」［新崎 2012］とも呼ばれている。

チャム人はベトナム全国に人口約一六万人、うち七万人がニントゥアン省に住み、省人口の約一二％を占める。もともと今のベトナム中部で栄え、北から進出したキン人に滅ぼされたチャンパ王国の末裔である。一般に私たちが「ベトナム人」と呼ぶのは、チャンパを滅ぼしたこの「キン人」のことだ。

ニントゥアン省内のチャム人の村には、昔津波で亡くなった英雄が「波の神」となり祀られているという。この祠がなんと、ロシアの建設するニントゥアン第一原発の敷地内にある。チャム人の代表的知識人で詩人のインラサラによると、年一回のこの祠でのお祭りに特別に許可をとって原発敷地内に入るのだが、年々祠の周囲の土地が削られて囲い込まれているという。ここはチャム人の聖地であると同時に、過去に津波が来たことを知らせる伝説が残る場所でもある。わざわざそんな場所を原発の敷地に選ぶなんて、まるで悪い冗談としか思えない。

第5章では、二〇一二年六月にベトナムで起こった原発反対派知識人による署名運動に言及しているが、このとき海外在住のチャム人はもとより、国内のチャム人知識人らも勇気をもって署名している。またチャム人が開くブログ上においても、反原発の論述が掲載されている。たとえば前述のインラサラが開くインラサラ・コム（http://inrasara.com/category/cham -champa/）のサイトがある。

このように、日本からベトナムへの原発輸出は、日本にも現存する「大都市 vs. 立地地域」および「儲ける企業 vs. 被ばく労働者」の差別構造の輸出になる。そして、ベトナムでは原発がニントゥアン省に立地することから、「多数民族 vs. 少数民族」の差別を追加する。

さらにもう一歩進めて、この輸出自体が内包する差別構造について考えてみよう。第5章にも引用されている坪井善明の発言として、まず「理念的には反原発、脱原発です。廃棄物の最終処理が決まっていないのは論理的に破綻しているからです」［小口 2012: 201］と述べられている。すなわち、「反原発」の理念を基礎として、そのうえで輸出に関する議論が始まる。ところが同じくこの坪井が、「反原発や脱原発の政策に転換し（中略）誰が責任を持って廃炉まで持っていくのか」〔同前：201-202〕と述べ、日本国内の原発の廃炉のためには反原発の政策はとれないと、当初に掲げた理念とは正反対の論理を並べている。そのうえで、日本からベトナムへの原発輸出に関して、「ベトナム原発の問題は、ベトナム政府と国民が主体的に決める問題です」〔同前：204〕と、輸入するかしないかはベトナムが勝手に決めればよろしいとしている。

結局この坪井の議論は、国内で原発の新規建設が難しくなるなか、商売のため、そして廃炉の技術を維持するためにベトナムへ原発を輸出するという、単なる自国の利益追求の目的を主張しているのである。現在進められている原発建設計画を、はたしてベトナム国民が主体的に決めたかどうかという問題は別にしても、これは「自国民の安全のために脱原発を進める先進国 vs. これから原発を導入する途上国」の差別でなくて何であろうか。

### 3 国際的には

このように、日本からベトナムへの原発輸出は単なる機械や技術の輸出にとどまらず、これに社会的に付帯する「大都市 vs. 立地地域」および「儲ける企業 vs. 被ばく労働者」の差別構造の輸出にもなる。そして、ベトナムではこれがニントゥアン省に立地することから、「多数民族 vs. 少数民族」の差別をつくりだす。また、この輸出そのものが、丸ごと「先進国 vs. 途上国」の差

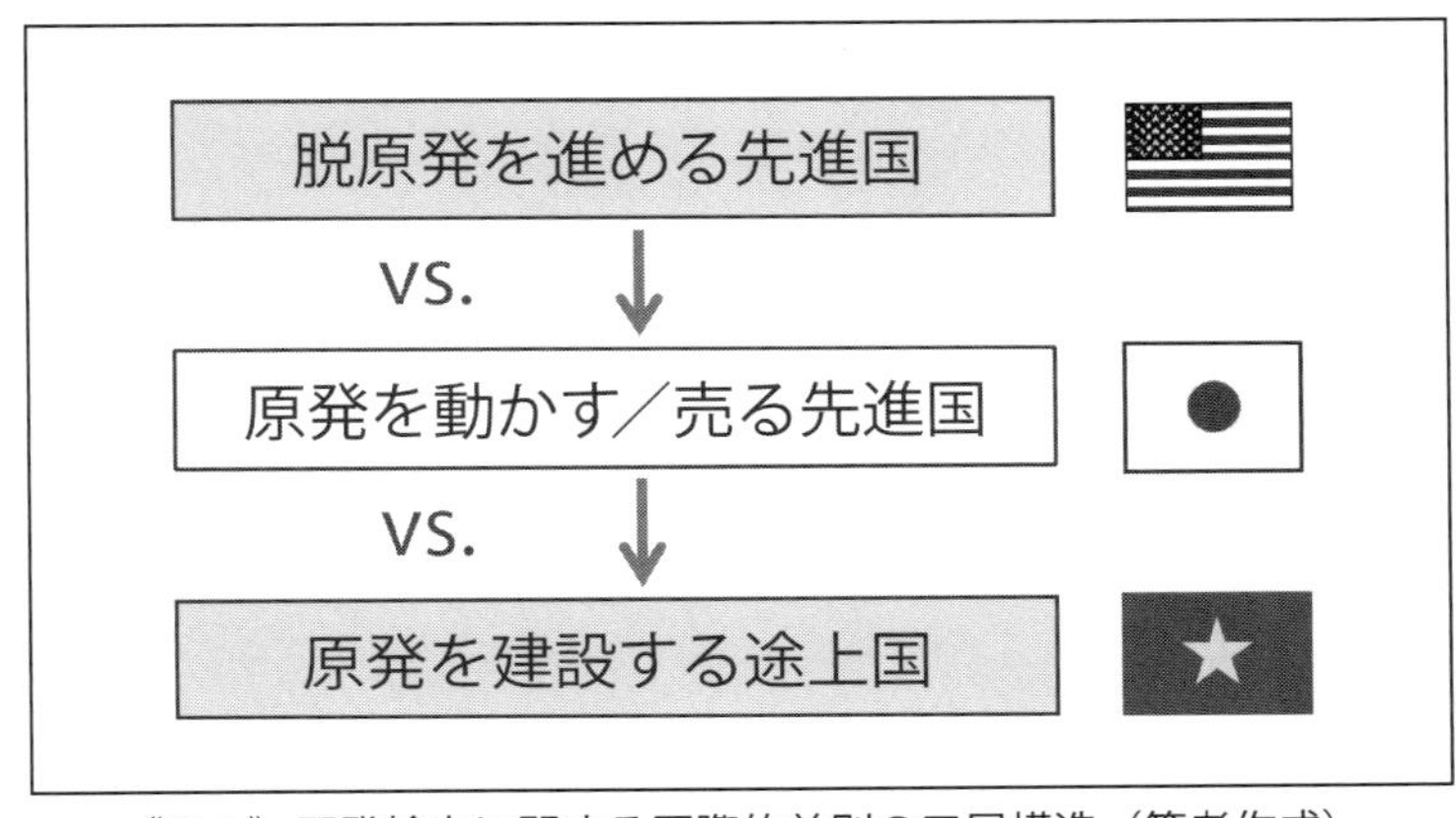


《図１》原発輸出に関する国際的差別の三層構造（筆者作成）

別を体現しているのである。

しかし事はここで終わらない。先進国日本の背後に、さらにアメリカの影が見える。福島大学の坂本恵によると、「原発輸出が日本とベトナムの二国間関係の問題ではなく、日本の原発輸出を利用するというアメリカのアジア経済戦略の枠組みの中で展開されている問題」とされ、それを示す根拠として、二〇一二年八月の日米同盟に関する報告書「第三次アーミテージ報告」にある「原発再稼働は日本にとって正しく責任のある一歩である」「原子力は日本の包括的安全保障に絶対必要な要素である」という旨の記述があげられている。アメリカは、自国内では安全性や経済効率に問題があるとして、脱原発を進めている。しかし、核兵器にかかわる技術の保持のため、アメリカは日本に原子力発電を続行させようとする。そして日本が各国に原発を輸出することを促しているのである。ここにもまた、「脱原発を進める先進国 vs. 原発を動かす／売る先進国」という差別の構造が見られる。

結局、アメリカ、日本、ベトナムの三国は、原発輸出に関して国際的な三層の差別構造を形成している。日本が原発輸出を通してベトナムを差別している構造だが、同時に日本は、背後からこれを動かすアメリカにより差別を受けていることがわかる。この関係を図示すると図1のようになる。

## 私たちにできること――ベトナム研究者の場合

さて、筆者は日本人でベトナムについて研究している。先に述べたような差別構造を把握したうえで、私たち日本人研究者にできることを考えてみたい。ここでいう「私たち」とは、ベトナムの言語や事情に通じ、ベトナム人が原発についての意見を発表しているインターネットサイトにアクセスしてその内容を理解でき、情報を論理的に分析する力をもっていることが期待される一群の研究者を指す。

このような研究者にできることとして、二点をあげたい。第一に、ベトナム市民に伝えるということである。筆者は坪井のいう「ベトナム原発の問題は、ベトナム政府と国民が主体的に決める問題です」〔小口 2012: 204〕という意見に大いに賛成する。問題は多くのベトナムの市民が原発の情報を知らされていないことにあり、現状では初の原発建設という大事業を「国民が主体的に決めた」とは言い難いことにある。また、たとえ市民が政府と異なる意見をもったとしても、それを反映させることが非常に難しい体制であることを考えねばならない。現に反対の署名運動を主宰した知識人は罰せられている。

そこで今度は、私たちができることの二つ目として、日本の市民に伝えるということがある。研究者は、ベトナムの原発導入をベトナム市民が主体的に決めたとはいえないという事実を、日本の市民に伝える必要がある。導入に反対する意見は主としてベトナム語で非公認のインターネットサイトを通じて発信され、誰かが間で和訳して発信しないかぎり日本の市民には伝わらない。情報を知った日本の市民は、納税者として自国の税金がベトナムへの原発建設の資金に使われてよいのかどうか、ベトナム人原発技術者の養成に使われてよいのかどうか、そして復興予算がニントゥアン原発事業化可能性調査（F／S）に使われてよいのかどうかを判断し、それに対して意見する権利がある。そのための判断材料となる情報を伝えるのが私たちにできる第二のことであろう。

### 1 ベトナム市民に伝える

「原発は危険で、事故が起こるとひどいことになるし、廃棄物の処理方法も確立していない。やめておいたほうがいいよ」という単純明快な意見をベトナム市民に伝えたいのだが、事はそう簡単ではない。何しろベトナムは共産党一党独裁の社会主義国で、言論の自由がない。外国人なので捕まって幽閉されることはないだろうが、強制送還、入国禁止になったら、ベトナムをフィールドとして研究をする身にはダメージが大きい。

そこでどうするか。とりあえず、ベトナム渡航時に周囲のベトナム人に、あるいはベトナム人が海外に渡航してきた際に、片っ端から捕まえて原発計画についての意見を尋ねてみることにした。すると、いるいる、反対の人たち。「ワシは反対だよ、そんなもの危なくてしようがない」「俺はチャム人だ、故郷にそんなもの、決して建てさせたくない」。ホーチミン市で誕生日パーティに招待されて、宴のはじめに、「ねえミチコ、ここにいる客はみんな反対だからね、原発のことしゃべって大丈夫だよ」と言われたこともある。尋ねた相手の職業は、大学教授、弁護士、国会議員、芸術家、作家、ジャーナリスト、学生、宗教家、等々。少なくともホーチミン市において、海外ニュースにアクセスできる知識人と呼ばれる人々は、ほぼ一様に原発への反対意見を聞かせてくれた。二〇一一年九月から二〇一四年二月にかけてのデータである。

次に、ベトナムではない海外で、原発についての研究をベトナム人向けに発信してみることにした。二〇一三年八月、シンガポールで世界の越僑グループが主催する「サマー・セミナー：ベトナムの改革はどこへ?」にて、「ベトナムの子どもの保護に関する市民社会の役割——改革の方向性と日本からの教訓」と題した発表をベトナム語で行った。越僑だけの小さな集まりかと思いきや、会場になったシンガポール経営大学の大きな講義室に六〇名ほどの参加者が集まり、それも半数以上がベトナム本国から来た大学教授、ジャーナリスト、文筆家等の面々であった。

そこで、ベトナムの原発建設計画の是非にはいっさいふれず、「日本からの教訓」と称してフクシマで子どもたちが被ばくを強いられて悲惨な状況に置かれている現状について、事例をあげて発表した。そして、政府や地元自治体からはほとんど提供されない、被ばく者の保養の実施や市民による線量測定、自主避難者への支援を市民社会が担っている現状を説明し、市民社会の自由度が低いベトナムで同様の事態が起こればどうなるだろうかという疑問を投げた。

シンガポールで開かれたサマー・セミナーに集まったベトナムの人々とともに（2013 年 8 月、Phuc 撮影）

参加者からは大変な好評で、これを機に、その後のベトナム渡航時に講演依頼が舞い込むようになった。また、国内有力紙であるトゥオイチェー週末版からも依頼を受け、「フクシマ事故後の私たちの生活」と題した長い記事をベトナム語で執筆した。二〇一一年三月とその後の三年間、筆者はフクシマから五〇〇キロメートルのかなたの三重県に住み、いわば間接的被害者ともいえる立場であったが、それでも家族全員で一時ベトナムへ退避した話や、戻った日本で安全な食材探しに苦労しながら子育てをしてきた経験談には説得力があったようだ。何より通訳を介さず、ベトナム語で直接発信できる日本人ということが、人気を博した理由のようだ。結局二〇一三年九月より二〇一四年二月までの間、ホーチミン市の二か所の大学で講演三本を行い、それを聞きに来た別大学の教員からまた依頼があり、という状況が今も続いている。

### 2 ベトナムでは皆が反対？

講演や記事では「原発はやめておいたほうがいいよ」という趣旨の意見は述べず、「日本ではこんな状態です」と述べるにとどめている。それでも、日本のフクシマ事故は完全に収束したとされているベトナムの公式報道からすると、かなり逆行した内容である。これに検閲機関からストップがかからないのは、公務員を含む多くの知識人が反対しているからではないか。

二〇一三年八月六日には、とんでもない新聞広告が「ベトナム・ニュース」紙の全面を飾った。ベトナム・ニュースは全国で発行されている公認英字新聞である。広告には事故でめちゃくちゃに壊れたフクイチの写真が掲載され、"Japanese people are opposed to Japan's export of nuclear technology due to the immense dangers involved."（日本の市民は日本の原発輸出に反対する。それが孕む大きな危険性ゆえに）という大見出しがついている。これは、ヒロシマ原爆記念日に合わせ写真雑誌DAYS JAPANが出した意見広告であった。ベトナムだけでなく、日本が原発を輸出しようとしているトルコとインドでも同時に掲載したという。たまたまベトナムに居合わせた筆者は、あわてて人に買い集めてもらい、周囲のベトナム人に配った。

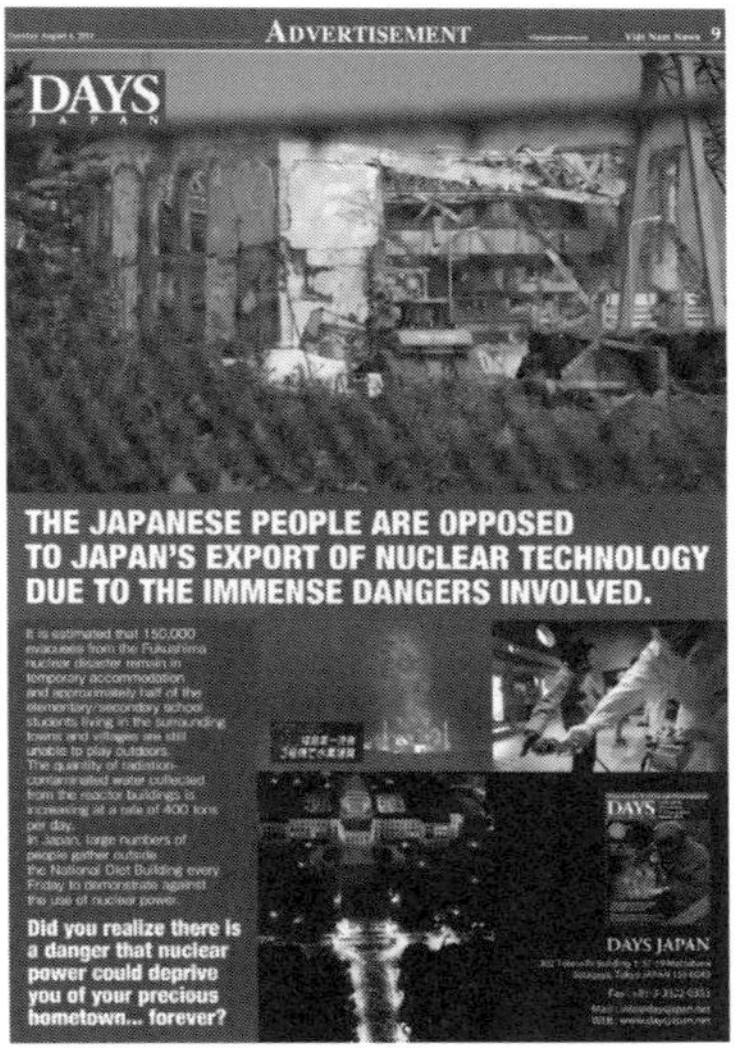

「ベトナム・ニュース」に載った意見広告

この新聞は英字であり、発行部数が二万部と少ないうえに、主たる読者がベトナムに滞在する外国人であるという理由で検閲をすり抜けたのだろうか。その後、関係者が処分されるのではと危惧したが、そういうニュースはなかった。編集長を含むこの新聞の関係者と、さらに検閲を担当する文化情報省の役人までもがこぞって原発建設に反対の意見をもっていたからこその快挙ではと想像する。

### 3 二〇一四年一月一五日の首相発言

それは突然舞い込んだニュースだった。二〇一四年一月一七日の朝、いつものように職場に来てメールを開くと、「わーい!」という件名のメッセージが入っている。「なんやこれ」と開けてみると、本書第5章執筆の伊藤氏からのもの。ベトナムのグエン・タン・ズン首相が突然、原発着工延期に言及したというニュースだった。

国営の石油公団ペトロ・ベトナム社の年頭総括式のスピーチで、「ニントゥアン原発建設の着工は二〇二〇年まで延期する可能性がある。原子力発電は最大の安全性と最高の経済効果が必要であり、これができなければ行わない」と述べたという（「トゥオイチェー」二〇一四年一月一六日付）。

この爆弾発言に、関係者は大騒ぎになった。もともと延期を主張していた、元ベトナム国立原子力研究所長のファム・ズイ・ヒエンとチャム人詩人のインラサラは、早々に歓迎メッセージをインターネットサイト上に発表した。その後、トゥオイチェー紙が第一原発を建設するロシア側の関係者に取材したところ、当初着工予定の二〇一四年はすでに二〇一七年への延期が決まっているが、それを二〇二〇年まで延期する話はいっさいないとの由。次に同紙が立地地元の住民に取材してみると、二〇一七年に延期という話は噂で聞いているが、二〇二〇年の話はいっさいないし、そもそも二〇一七年にしても単なる噂であり正式な通知はまったくないという。住民移転計画が宙ぶらりんになり、老朽化した自宅を修繕できず、台風のたびに一家で親せき宅に避難している住民など、先行きの見通せない不安の声が載せられていた。

二〇一四年三月にはチュオン・タン・サン国家主席が国賓として来日、ここでは原発着工は予定どおりとの発言がなされている。いったいロシアの第一原発の着工予定は、二〇一四年、二〇一七年、二〇二〇年のうちのどれが正しいのか。それとも、「最大の安全性と最高の経済効果」が得られないためにキャンセルになるのか。そしてロシアに続いて二〇一五年着工予定だった日本の第二原発は？

二〇一四年二月にホーチミン市へ行った際、周囲のベトナム人にコメントを求めた。返ってきた答えは、「状況は貴女が想像するより複雑だ。多くの利害関係がからまり合って、今後のことはよくわからない」（国会議員）、「首相は自身の任期中に着工させたくないのだろう。それで後任の首相が着工させて事故が起これば、責任を問われない」（文筆家）、「問題はベトナムが核武装を目的としていることにある。計画はそう簡単に断念できないのではないか」（大学教授）等々。事はそう単純ではなさそうだ。

首相発言は、原発建設をやめさせたい人間から見れば、たしかに希望の灯だったかもしれない。しかしよく見ると「やめる」と断言したわけでもなく、単に安全性と経済効果の必要性を強調しただけともとれる。それでもこういうニュースが入るたびに、私たち（本書の執筆者とその協力者をこう呼びたい）は勇気づけられてきた。希望をなくさずにコツコツやっていればいつかは必ずいいことがある、そんな可能性を示してくれたような、暗闇の果てに見えた一つの明かりのような出来事であったと思う。

### 4 脱原発の輸出

ベトナムの人たちにどうにかして見せたい場所があった。筆者が二〇一四年三月まで住んでいた三重県の、南部は熊野灘に面した漁村である。村の名は古和浦、三重県度会（わたらい）郡南伊勢町に属する。この漁村から山を越えた人けのない海岸に、中部電力芦浜原発の計画用地がある。一九六〇年代より二〇〇〇年にかけて二度にわたり建設計画が進められ、二回ともキャンセルに至った。古和浦を中心とする反対派漁師たちの海上デモや座り込み、そして県民投票運動が功を奏したためである。

もちろん、ベトナムの人たちに同じことをやれという気はない。逮捕者が出るだけだ。そうではなくて、市民社会にこんなことができたという成果を見てほしい、そして運動のおかげで守られた美しい自然を見せたい。

二〇一四年三月、夢がかなってベトナム国家大学ホーチミン市人文社会科学大学のチャン・ディン・ラム教授を迎え、共同フィールド調査を実施することができた。すでに二〇回以上の渡日経験のある教授だが、調査には非常な感銘を受けたようで、とくに一自治体である当時の南島町（現在は南伊勢町に統合）が市民と一緒になって反対運動を推進したことに、「これぞ民主主義の神髄だ」と賛辞を贈っていた。

ラム教授（右）とともに芦浜調査
（2014 年 3 月、Tho Mai 撮影）

筆者にとっては三回目の芦浜訪問であったが、毎回、ここの景色は日本の第二原発が建つ予定のニントゥアン省タイアン村と重なって見える。もちろん気候や植生はまったく異なるが、地元の人々がのんびりと暮らす農漁村というところは変わらない。豊かな自然の宝庫というところも共通している。名古屋やホーチミン市で使われる電気のために、差別を受けるという構造もまったく同様である。

なぜデモや座り込みでけが人や逮捕者まで出して反対したのか。地元の漁民の公式発言は「先祖代々受け継いできた海を子孫にそのまま受け渡したかった」となっているが、芦浜の歴史に詳しい市民から聞いたところによると、ホンネでは「あいつら、わしらをバカにしとる」という発言があったそうだ。「あいつら」とは、東京や名古屋からやってきて住民の説得を行う人々のことである。早くベトナムの人々にも、この差別の構造に気づいてほしいと思う。差別構造ではなく、このような脱原発をこそ私たちは輸出すべきであろう。

## 5 日本の市民に伝える

二〇一四年三月まで住んでいた地元の三重、そして名古屋、東京、京都、大阪、岐阜、鹿児島、沖縄、宮城……これまでいろいろな場所で、市民や専門家の方々にベトナムへの原発輸出について話をさせてもらった。なかには交通費を自腹で用意して乗り込み、「やらせてください」とお願いした押しかけ講演もあった。

もちろん新聞・雑誌記事として文章を介しても機会あるごとに伝えるようにしている。二〇一三年三月に発表した論文「日本の原発輸出――ベトナムの視点から」は、国際ボランティア学会から賞まで頂戴した。論文としての質を認められたというより、書いたという事実にボランティア精神を認めていただいたのではないかと喜んでいる。原発推進派は、政・官・民・マスコミ・学者を組み込んだ鉄の五角形でしっかり固まるといわれているが、そうではない学者や学会もあることを知ってほしい。

こうやって一生懸命、日本の市民に伝えてきた甲斐があって、うれしい経験もした。二〇一三年一二月、沖縄本島北部の東村（ひがしそん）高江を訪問したときのこと。ここは米軍ヘリパッドの建設が進められていて、もう長いこと住民が反対運動の座り込みを行っている。テントを訪ねたところ、隣村の老婦人が担当でずらっと並んで座り込んでおられたので話を聞いた。たまたまベトナム人を同伴していたもので、自然と話がベトナムのこと、昔ベトナム反戦運動に参加したこと等々になり、最後には、「あなた、ベトナムのこと研究してるなら原発のこと知ってます?」「今度日本が原発を輸出するんですよ」「あなた、ちゃんと反対してくださいよ」と、ご婦人方に口々に強く言われて返事に窮してしまった。こんな日本の端っこの沖縄、そのまた本島の端っこの北部でも知られていたとは。この本が出たら届けに行こうと思っている。

## 6 市民社会をつなぐ

前に述べた第1項「ベトナム市民に伝える」と第5項「日本の市民に伝える」をまとめると、ベトナムと日本の市民社会をつなぐこと、と表現できる。国家同士ならそれぞれの国家組織のなかで外交を担当したり、国際交流をする組織があってつながれている。個人であれば観光や留学や国際ビジネスを通して交流する機会もあろう。しかし、「福島事故の後、日本はどうなっているか」「福島の子どもたちはどうしているか」「日本で原発に反対している市民団体の動き」などの情報は、誰かが意識的に努力して伝えないかぎり、ベトナムには届かない。同様に、「ベトナムで実は多くの知識人が原発に反対していること」とか、多くの一般市民には何も知らされていないこと、反対を表明できない政治体制であることなど、こちらも誰かが努力して伝えないと日本の市民にはわからない。

アジアの市民団体の集まりであるノーニュークス・アジアフォーラムでは、毎年アジアの一国に各国の代表者を集めて、現地の原発計画の状況についてフィールド視察を行っている。二〇一一年に韓国、二〇一二年には日本、二〇一三年はインドネシア（現地事情により実施はキャンセル）、二〇一四年には台湾で実施され、百数十人が集まるし、政府への申し入れや記者会見も行う大規模なものだ。

しかし残念ながら、ベトナムからの参加はない。本国から参加するにもまずビザが出ないかもしれないし、帰国してからが危険である。それでも外国籍ベトナム人など、比較的危険の少ない人材を招いて参加を促す必要があるだろう。

このように正式に確立したネットワーク以外にも、研究者の人脈を利用して市民社会をつないでいきたい。二〇一四年八月にはトルコで国際学会への参加を機に、日本の原発が輸出される黒海沿岸の町シノップを訪問、現地の事情を聴き取るとともに日本やベトナムの事情について説明

トルコ、シノップの漁協メンバーとともに
（2014年8月、Metin Gurbuz 撮影）

を行った。日本の原発予定地から一六キロメートルのシノップ漁港で漁協代表者数人にインタビューしたところ、日本と異なり、漁業者にはまったく計画を止める権限がないことはベトナムと類似していた。前述の三重県の芦浜で漁業者が計画を止めた話や山口県の祝島（いわいしま）で三〇年以上にわたり漁民のデモが毎週続いている話を聞いて大いに盛り上がり、「三重の漁家の人たちにシノップに来てもらおう」という話にまで発展した。そんなトルコの事情を今度はベトナムにも伝えてみたい。同じ日本からの原発が輸入される国として、ベトナムとトルコの横のつながりも非常に有意義であろう。アジアに限らず、ベトナム、トルコ、インド、ヨルダン、リトアニア等、輸出先の国々を集めたネットワークができればすばらしいと思う。

トルコで筆者が参加したのは、国際平和学会（IPRA）であった。その「エコロジーと平和」分科会において「日本の原発輸出と差別構造——ベトナムの事例」というテーマで研究発表をしたところ、トルコ人研究者から強い興味が示され、共同研究に向けた布石を敷くことができた。国際学会を、単に「英語で発表しました、予稿集にペーパーが掲載されました」という、文部科学省や勤務先の大学、あるいは受験生向け大学ホームページに載せる研究実績としての「ポイント・ゲット」ととらえるのでなく、真の研究者国際交流の場として利用していく姿勢が大事であろう。教育や大学の管理運営のほかに研究の時間をもらえて、文科省や大学、あるいは民間から研究費をいただいている私たち研究者は、単なるポイント・ゲットだけではなく、実質的に市民社会をつなぐことにも努力すべきだと心より思う。

## 私たちにできること——日本の市民として

ここまでは、日本人のベトナム研究者としてこれまでやってきたこと、研究者ができることについて述べてきた。では、ベトナムをとくに専門とせず、ベトナム語を流暢に話すわけでもない日本の一市民としては何ができるだろうか。

「私たちは何をすればいいんですか」と講演を聴いた方々からよく尋ねられる。納税者なのだから、自身の納めたカネの使途にはモノを言うべきだ。第1章にあったように、原発は税金をふんだんに投入して後押ししないと成り立たないビジネスである。「それに使うな」と言えるはずだ。また有権者なのだから、地元で選出された議員にもモノを言ってよかろう。

それら当たり前のこと以外には、やはり「ベトナムの市民に伝えること」ができるだろうとお答えしている。日本で周囲を見回すと、ベトナム本国から渡ってきた人々がいる。留学生や技能研修生である。そしてその人々の多くは日本語ができる。別にこちらがベトナム語で発信しなくてもいい。身近に留学生がいたら、ちょっと原発について意見を尋ねてみることから始めてみてはどうだろう。そして筆者が発信するときと同様に、ベトナムでの原発導入の是非は脇へ置いておいて日本のことを伝えてみたらいい。

ただし、いくら言論の自由がある日本にいても、彼ら彼女らの言動は常に監視されている。迷惑をかけないように、発言内容を実名入りで記事やブログに引用したりはしないほうがいいだろう。

ベトナムにビジネスや観光、NGO活動などで渡航する日本人のなかには、行った先で一生懸命に周囲のベトナム人に原発反対の意見を伝えようとする人がいる。これは自身にはさほど問題がなくても、相手に迷惑をかける恐れがあるので、どのような場でどんな相手に何をどこまで言ってよいのか、現地事情に詳しい日本人に相談してから行ったほうがよい。

日本の建てる原発立地の村へ入り、村人を訪問するのは非常に危険である。公式に調査研究や取材、観光で申請したら決して許可は出ないし、個人的なつてを頼って訪問すると相手に迷惑がかかることがある。よほどベトナム語が堪能で、ベトナム人に化けることができるのでないかぎり、村に入るのはやめたほうがよい。筆者は二〇一二年八月に一回だけ村に入ったが、このときは子連れで偽装家族旅行を仕立てて行った。家族全員がベトナム語に堪能であるからこそできた技である。

原発が建つ予定のタイアン村から北に七キロメートル行くと、観光化の進むヴィンヒー村がある。ヌイチュア国立公園の豊かな自然を満喫できるエコツーリズムが進められていて、船底をガラス張りにしたグラスボートをチャーターしてサンゴ礁を見ることもできる。そして、交渉すればタイアン村の沖まで行って村を海から眺めることも可能だ。二〇一三年九月に大学生を連れてフィールドスタディで訪れたときには、観光会社社長兼船主兼船長の恰幅のよいおじさんがタイアン沖に到着するや船のエンジンを止め、すっくと立ち上がると、突然演説を始めた。「みなさま、こちらがベトナムの誇るニントゥアン第二原発の立地予定地、タイアン村でございます」。あとから聴き取りをしてみれば、原発には賛成。サンゴ礁やウミガメが全滅すれば、原発をネタに商売を続けそうなおじさんであった。今のところ外国人はほとんど訪れない観光地だが、ここならベトナム人の案内人と一緒に行ってみることもできるだろう。

海から見たタイアン村（2012年8月、Tho Mai 撮影）

最後にもう一つ、大変大事な、私たちにできることがある。それは、日本の原発を動かさないということである。第5章にあるとおり、二〇一二年六月にベトナムでは原発反対の署名運動が起こった。そして二〇一四年一月、ベトナム首相による着工延期か、の発言があった。なぜこのタイミングだったか。二〇一二年六月には、日本の原発は一時的に稼働ゼロであった。これはたまたま定期点検のために止まっていたのだが、第5章で伊藤が述べているように、ベトナム側が日本の脱原発運動の成果として止まったというように誤解した。この日本の原発稼働ゼロが、ベトナム側の反対者を大いに力づけ、それが当時の野田首相宛の抗議文書となって結実した。「自国で動かしていない原発を、私たちに供与しないでください」と言いやすい状況ができていたのである。

そして二〇一四年一月の首相発言、このときにも日本で稼働している原発はゼロであった。この文章を執筆中の二〇一四年八月現在も、稼働ゼロが続いている。鹿児島県の川内（せんだい）原発で取り沙汰されている再稼働計画をいかに阻止できるか、これがベトナム側の動きに私たちの想像以上に強くかかわっている。

ベトナムで止めようと思うなら、まず日本で止めよ、これが最後に私たち日本の市民に与えられた最重要の課題であろう。

謝辞

本章の一部は日本学術振興会科学研究費、基盤研究(C)（26510007）「原発震災と市民社会研究」の成果をもとに記述した。ここに記してお礼申し上げる。

《参考文献》

メンミ、アルベール（1996）『人種差別』菊地昌実・白井成雄訳、法政大学出版局
小口彦太ほか編（2012）『3・11後の日本とアジア――震災から見えてきたもの』めこん
坂本恵（2013）「福島原発事故の教訓からみた、ベトナムへの原発輸出の課題」『福島大学地域創造』第二五巻第一号、四四〜六四頁
高橋哲哉（2012）『犠牲のシステム　福島・沖縄』集英社新書
八木正（1989）『原発は差別で動く――反原発のもうひとつの視角』明石書店
山田富秋（1996）「アイデンティティ管理のエスノメソドロジー」栗原彬編『差別の社会理論』弘文堂
吉本康子（2012）「波の神を祀る人々」『月刊みんぱく』五月号、二二〜二三頁
吉井美知子（2013）「日本の原発輸出――ベトナムの視点から」『三重大学国際センター紀要』第八号、三九〜五三頁
UNESCO（1960）「教育における差別待遇の防止に関する条約」（仮訳）（http://www.mext.go.jp/unesco/009/003/007.pdf）（二〇一二年一二月一一日閲覧）

# おわりに

筆者は二〇一一年三月一一日まで、さして日本の原発に注意を払っていなかった。社会人になってから海外生活が二三年と長く、日本の国内事情に疎かったというのがその言い訳である。久々に日本で住み始めてわずか二年半、突然襲った原発事故にとんでもないパニックに陥った、居住地の三重が福島から五〇〇キロメートルも離れていたにもかかわらず。大あわてで、家族四人全員、もといたベトナムへ逃げ帰った。ベトナムでベトナム人と家庭をもち、子ども二人。私たちのふるさとはベトナムだった。

そのころテレビでは、「ただちに健康に影響はありません」の連呼。日本政府が当然こんな遠方の住民には何もしてくれないなか、ベトナム政府の対応が心にしみた。在日ベトナム大使館からは、「日本に住んでいるベトナム人およびその家族は、国籍にかかわらず、誰でも政府の用意する退避便に乗って帰ってよし」とのお触れが出た。一人二〇〇米ドルの自己負担で、ベトナム航空便の片道チケットを入手した。ベトナム政府にこれほど感謝したことは、あまりほかに記憶がない。

筆者は仕事があるので、春休みが終わると家族を置いて三重に戻った。相変わらずパニックでおろおろしながら夏を迎え、八月に仕事で行った母校の京都大学で「京大広報」を読んで仰天した。なんと、ベトナムにも原発を輸出すると書いてあった。それが本書共同編者の伊藤氏の文章だった。その後、二〇一一年一一月、東京で開催された東南アジア学会の懇親会で伊藤氏と出会い、「一緒に止めよう」という話になった。もちろん原発輸出を。

そこでやっと、話は本書のもととなる二〇一三年六月の東南アジア学会へとつながる。しかしこれも、些細なきっかけで始まった話だった。このときの学会会場は鹿児島だった。若いころ一度友人を訪ねたきり行っていない。も一度行ってみたいなあ、ついでに川内（せんだい）原発の見学もしたい、しかし学会に行くなら発表しないとなあ、そうだ、伊藤さんを引っ張り出してパネルをやってみよう。もちろんテーマは原発輸出。

その後話がとんとん拍子に進み、共同執筆者の遠藤氏・中野氏との四人でパネル報告をすることになった。コメンテーターには、東京大学教授の古田元夫氏（ベトナム現代史）と福島大学教授の坂本恵氏（ベトナム人労働問題）、そしてパネル司会は大阪大学教授の桃木至朗氏（ベトナム史）という豪華メンバーであった。本書のもととなるこのパネルにご協力いただいた、古田・坂本・桃木の各先生にはこの場をお借りして心よりお礼申し上げる。

さてこのパネル、地方での開催にもかかわらず多くの研究者の参加を得て議論が盛り上がり、大成功であった。その噂を聞きつけて、今度は東京のＮＧＯ関係者から「遠くて行けなかったので、もういっぺん東京でやってください」との依頼を頂戴した。そうして開催されたのが二〇一三年九月のシンポジウム「ここがマズイ、原発輸出――ベトナム編」であった。FoE Japan、メコン・ウォッチ、アーユスジャパン、市民原子力資料室の各NPOの共催である。このときには、学会パネルのメンバーに満田氏と田辺氏が加わり、さらに多角的な視点でベトナムへの原発輸出を取り上げることができた。

せっかくなので本にしましょう、という話になった。じゃあ六人で一人一章ずつ、それにコラム三点を加えよう。コラムはジャーナリストとしてタイアン村に入って取材された中井信介氏、そしてキン人（ベトナムの多数民族）を代表してグエン・ミン・トゥエット氏、チャム人のインラサラ氏の三人。こうして本自体が国際協力の成果物として見事に出来上がった。

執筆を進めるうちにも時は過ぎ、二〇一四年になってからはビエン・ドン（東海の意、いわゆる「南シナ海」）でのベトナムと中国の衝突が大きな話題になっている。これから建てて何年も先にやっと稼働する原発のことよりも、今にも攻められて国が亡びるのではないかと、ベトナム人の問題意識もビエン・ドンに向いてしまっている感がある。と同時に、うまく今回の危機を脱すれば、将来に備えて核武装をという声も聞こえてくる。しかし考えてみてほしい、目の前のビエン・ドンでドンパチが起こりそうなのに、その海岸に原発が建っていたらどうなるのだろう。核兵器を使わなくても、通常兵器で核兵器の効果が出ることにならないか。日本海側にずらっと、近隣の国々に向かい合うように原発を並べている日本から言える話でもないが……。

筆者は二〇一四年四月より沖縄に住んでいる。研究室の窓から目の前を普通に飛んでいくオスプレイが見えたり、朝の四時四五分に軍用機の音で起こされたり、現地紙の一面に毎日のようにデカデカと載る辺野古(へのこ)の記事を目にするうちに、自然と「小国にとっての平和」について考えるようになった。中国が脅威だからと、米軍や自衛隊の基地で小さな島々をぎゅうぎゅう詰めにする。有事の際、真っ先に攻撃されるのはこの島々だ。それよりも、琉球王国時代、中国に朝貢しながら軍隊らしい軍隊をもたず、日中の狭間(はざま)で上手に平和を保ってきた歴史を見習うことはできないか。

ベトナムもまた中国の脅威に直面している。そこで「核抑止力」を求めて原発を導入するのか。大きな強いものに同じ種類のもので対抗しても及ぶまい。そこはイソップ寓話の「ライオンとネズミ」で、ネズミがライオンのくくりつけられている縄を噛み切って助けたように、異なる力で対抗すればよい。それが、結局は一八七九年の「琉球処分」で失敗に帰してしまったとはいえ、ある時期には上手に平和と独立を保っていた琉球からベトナムの人々が学べることではないか。そしてこのことは、中国だけでなくアメリカ、ロシア等も含めた大国と向かい合う日本にもいえることだと思う。異なる力とは、外交であり、民間交流であり、通商であり、市民社会の連帯であるはずだ。

これを執筆している二〇一四年八月現在、日本では川内原発の再稼働が取り沙汰されている。思えば一年あまり前、共同編者の伊藤氏と二人、鹿児島大学での学会発表前に川内原発を見学させてもらった。メガネが落ちないようにゴムひもをかけて使用済み核燃料プールを上からのぞき込むような場所まで案内してもらい、厳しい安全管理状況や細かい配管が複雑に入り組むところを見学し、建屋を出てきたところで二人の一致した感想は、「これはベトナム人には無理や」。別にベトナムの人たちが日本人より劣るとか言うつもりはない。ただ、きちんきちんと細かい規則を尊重してものごとを管理するより、ベトナム人はアバウトに、でも器用に、臨機応変にやって最後は辻褄を合わせるのに長けた人々のように思う。それはホーチミン市の街路を埋めるバイクの走り方などにも表れているだろう。

どうかベトナムの人々には小国なりの、核武装や原発とは別の方法で国の未来を開いていってほしいと思う。内政干渉と言われようと、個人的にはベトナム国籍をもつ子どもの母として一言いわせてもらってもよかろう。またグローバルな課題である原発については、本書の日本人執筆者も意見する権利があるだろう。本書がその未来に少しでもつながれば、執筆者一同これほどうれしいことはない。

最後に、本書の編集と出版に関し大変お世話になった明石書店の大江道雅・大野祐子、および編集スタッフ小山光の三氏に心よりお礼申し上げる。

吉井美知子

《参考文献》

新崎盛暉（2012）『新崎盛暉が説く構造的沖縄差別』高文研
藤岡惇（2014）「終章　軍事攻撃されると原発はどうなるか――『国内外で戦争ができる国』づくりとフクシマの行方」『カタストロフィーの経済思想――震災・原発・フクシマ』昭和堂、三〇〇～三六三頁
高良倉吉（1993）『琉球王国』岩波新書
山本光雄訳（1978）「獅子と〈恩返しをした〉鼠」『イソップ寓話集』岩波文庫、第二〇六話、一六二頁

**中井信介**（なかい・しんすけ）
1967年京都生まれ。93年よりフィリピンのスラム街などの写真を撮り始め、新聞や雑誌で発表する。96年にアジアウェーブ賞受賞。99年よりビデオ取材を始め、ニュース番組の特集などで発表する。2001年よりアジアの基地問題や環境問題をテーマに映画制作を始める。作品に「がんばれ！ファンセウル」（国際人権教材奨励事業AWARD2006)、「ナナイの涙」(2010年第1回 座・高円寺ドキュメンタリーフェスティバル入賞、第5回 福井映画祭審査員特別賞)、「空に溶ける大地」（「地方の時代」映像祭2013奨励賞）など。

**中野亜里**（なかの・あり）
滋賀県大津市出身。1988年慶應義塾大学大学院後期博士課程単位取得満期退学。1992年博士（法学）取得。専門は現代ベトナムの政治・外交。2010年より大東文化大学国際関係学部教授。著書に『現代ベトナムの政治と外交』(2006年、暁印書館)、『ベトナムの人権』(2008年、福村出版)、編著に『ベトナム戦争の「戦後」』(2005年、めこん)、共著に『入門東南アジア現代政治史』(2010年、福村出版)、『現代ベトナムの国家と社会』(2011年、明石書店）など。中川明子の筆名で訳書にタイン・ティン著『ベトナム革命の内幕』(1997年、めこん)、同『ベトナム革命の素顔』(2002年、めこん）など。

**満田夏花**（みつた・かんな）
国際環境FoE Japan理事、メコン・ウォッチ政策担当スタッフ。
地球・人間環境フォーラム主任研究員を経て、2009年より国際環境NGO FoE Japanにて、森林問題、国際金融と開発問題に取り組む。3・11原発震災以降は、20mSv基準撤回、避難の権利確立のための運動、脱原発の実現に向けた各種活動に従事。共著に『福島と生きる——国際NGOと市民運動の新たな挑戦』(2012年、新評論)、『「原発事故子ども・被災者支援法」と「避難の権利」』(2014年、合同出版)、『福島への帰還を進める日本政府の4つの誤り』(2014年、旬報社)。

## 著者紹介（50音順）

**インラサラ**（INRASARA）
1957年ベトナム、ニントゥアン省チャム・チャクラン村に生まれる。ニントゥアン・チャム語書籍編集委員会、その後、ホーチミン市総合大学ベトナム東南アジア研究所に勤務。1998年よりサイゴンにてフリーライター。チャムの文化および言語を研究する傍ら、詩、小説、評論や文学批評を発表。雑誌「タガラウ——創作・エッセイ・チャム研究」を主宰。国内外の多くの賞を受賞。2005年にはベトナムテレビ局より、年間文化人賞に選ばれる。

**遠藤　聡**（えんどう・さとし）
神奈川県出身。2000年、早稲田大学大学院文学研究科東洋史専攻満期退学。専門はベトナム現代史・政治。著書に『ベトナム戦争を考える——戦争と平和の関係』（2005年、明石書店）、共著に『入門東南アジア現代政治史』（2010年、福村出版）、『東南アジア現代政治入門』（2011年、ミネルヴァ書房）、『現代ベトナムを知るための60章（第2版）』（2012年、明石書店）など。

**グエン・ミン・トゥエット**（NGUYỄN MINH THUYẾT）
1948年生まれ。2002年7月から2011年7月までベトナムの国会議員：国会の文化・教育・青年・子供のための委員会副委員長。1969年ハノイ大学卒業。旧ソ連のレニングラード大学で1981年に博士号取得。ハノイ国家大学の人文社会大学の教授、副学長、カナダ・ケベックのラヴァル大学（1992〜1993）、フランスのパリ第7大学（1994）にて客員教員。 第一級労働勲章、第二級抗戦メダル、フランス学術パルム勲章受章。

**田辺有輝**（たなべ・ゆうき）
横浜市出身。2003年法政大学経済学部経済学科卒、同年よりNPO法人「環境・持続社会」研究センター（JACSES）の職員で、現在は持続可能な開発と援助プログラム・コーディネーター。NGO Forum on ADB国際運営委員、JICA環境社会配慮助言委員、ジェトロ環境社会配慮諮問委員を務めている。著書に『3・11後の日本とアジア』（2012年、めこん、共著）、『NGOから見た世界銀行』（2013年、ミネルヴァ書房、共著）など。

**編著者紹介**（50 音順）

**伊藤正子**（いとう・まさこ）
広島市出身。1988 年東京大学文学部東洋史学科卒、毎日新聞記者を経て、東大大学院総合文化研究科で 2003 年博士（学術）取得。専門はベトナム現代史。2006 年より京都大学大学院アジア・アフリカ地域研究研究科准教授。著書に『エスニシティ〈創生〉と国民国家ベトナム――中越国境タイー族・ヌン族の近代』（2003 年、三元社、第 2 回東南アジア史学会賞受賞）、『民族という政治』（2008 年、三元社）、『戦争記憶の政治学――韓国軍によるベトナム人戦時虐殺問題と和解への道』（2013 年、平凡社）など。

**吉井美知子**（よしい・みちこ）
京都市出身。1981 年京都大学文学部仏文科卒、1991 年パリ第 7 大学ベトナム語学科修士号、商社勤務等を経て 2007 年東京大学大学院新領域創成科学研究科国際協力学博士号。専門はベトナム NGO 研究。2008 年三重大学教授、2014 年より沖縄大学人文学部教授。著書に『立ち上がるベトナムの市民と NGO――ストリートチルドレンのケア活動から』（2009 年、明石書店、第 8 回日本 NPO 学会優秀賞、2012 年国際ボランティア学会隅谷三喜男賞受賞）、共著に『アジアの市民社会と NGO』（2014 年、晃洋書房）など。

# 原発輸出の欺瞞
## ——日本とベトナム、「友好」関係の舞台裏

2015 年 2 月 16 日　初版第 1 刷発行

編著者　伊藤正子
　　　　吉井美知子

発行者　石井昭男

発行所　株式会社　明石書店
〒101-0021　東京都千代田区外神田 6-9-5
電　話　03（5818）1171
ＦＡＸ　03（5818）1174
振　替　00100-7-24505
http://www.akashi.co.jp

装　丁　明石書店デザイン室

印刷・製本　モリモト印刷株式会社

（定価はカバーに表示してあります）
ISBN978-4-7503-4142-2

**原発ゼロをあきらめない** 反原発という生き方
安冨 歩編 小出裕章、中嶌哲演、長谷川羽衣子著 ◉1600円

**脱原発とエネルギー政策の転換** ドイツの事例から
坪郷 實 ◉2600円

**フランス発「脱原発」革命** 原発大国、エネルギー転換へのシナリオ
B・ドゥスユ、B・ラポンシュ著 中原毅志訳 ◉2600円

**脱原発を実現する** 政治と司法を変える意志
海渡雄一、福島みずほ著 ◉1900円

**禁原発と成長戦略** 禁原発の原理から禁原発推進法まで
平 智之 ◉1600円

**大事なお話 よくわかる原発と放射能**
高校教師かわはら先生の原発出前授業① 川原茂雄 ◉1200円

**本当のお話 隠されていた原発の真実**
高校教師かわはら先生の原発出前授業② 川原茂雄 ◉1200円

**これからのお話 核のゴミとエネルギーの未来**
高校教師かわはら先生の原発出前授業③ 川原茂雄 ◉1200円

---

**人間なき復興** 原発避難と国民の「不理解」をめぐって
山下祐介、市村高志、佐藤彰彦 ◉2200円

**「原発避難」論** 避難の実像からセカンドタウン、故郷再生まで
山下祐介、開沼 博編著 ◉2200円

**ベトナム戦争を考える** 戦争と平和の関係
遠藤 聡 ◉2400円

**立ち上がるベトナムの市民とNGO**
ストリートチルドレンのケア活動から
吉井美知子 ◉4000円

**東南アジアを知るための50章**
エリア・スタディーズ129 今井昭夫編集代表 東京外国語大学東南アジア課程編 ◉2000円

**現代ベトナムを知るための60章【第2版】**
エリア・スタディーズ39 今井昭夫、岩井美佐紀編著 ◉2000円

**ベトナムの歴史** ベトナム中学校歴史教科書
世界の教科書シリーズ21 ファン・ゴク・リエン監修
今井昭夫監訳 伊藤悦子、小川有子、坪井未来子訳 ◉5800円

**現代ベトナムの国家と社会** 人々と国の関係性が生み出す〈ドイモイ〉のダイナミズム
寺本 実編著 ◉3800円

〈価格は本体価格です〉